그를 처음 만난 건
첫 눈이 예쁘게 내리던 어느 날이었다.

나를 몽실이라 부르는
그로 인해 내 인생에 봄날이 찾아왔고
나를 똑 닮은 딸을 꿈꾼 그의 바람으로
꼬마몽실 '꼬몽이'와
아기몽실 '아몽이'가 나타났다.

그렇게 우리는 초고속 열차를 타고
한 번에 둘에서 넷이 되었고
벅차도록 버라이어티한 하루하루를 살아가고 있다.

TV는 영어로 책은 전자펜으로

쉬엄쉬엄
엄마표 영어

TV는 영어로 책은 전자펜으로 쉬엄쉬엄 엄마표 영어

초판 1쇄 발행 2020년 12월 25일

지은이 이설희
편집인 옥기종
발행인 송현옥
펴낸곳 도서출판 더블:엔
출판등록 2011년 3월 16일 제2011-000014호

주소 서울시 강서구 마곡서1로 132, 301-901
전화 070_4306_9802
팩스 0505_137_7474
이메일 double_en@naver.com

ISBN 978-89-98294-98-4 (03590) 종이책
ISBN 978-89-98294-99-1 (05590) 전자책

시간도 돈도 체력도 부족한 엄마들을 위한 심플한 영어교육

TV는 영어로 책은 전자펜으로

쉬엄쉬엄
엄마표 영어

이설희(봄날의몽실) 지음

더블:엔

시간도 돈도 체력도 부족한
엄마들을 위한 엄마표 영어

열 살 쌍둥이 아꼬몽은 하루 종일 마음껏 노는데도 공부를 잘합니다. 독서는 세상에서 가장 재미있는 놀이이고 영어로 말하고 영어로 싸우며 놉니다. 실컷 뛰어놀아 밤 9시만 되면, 자라고 재촉하지 않아도 본인들 스스로 잠이 쏟아져 버티지 못하고 꿈나라로 끌려갑니다. 그러면 저희 부부의 자유시간이 시작됩니다. 둘이서 두런두런 이야기를 나누기도 하고, 와인 한잔 하며 영화를 보기도 합니다. 하루 중 가장 달콤한 시간이지요.

요즘 아이들 사교육 참 많이 받습니다. 부모는 힘들게 번 돈을 많은 사교육비로 쓰고 있고, 아이들은 하루 종일 학원 순례하느라 고달픕니다. 저희 부부는 아이들 사교육비로 종자돈을 만들고, 아이들이 놀이터에서 실컷 놀 때 재테크 책을 읽으며 공부했습니다. 덕분에 이제 노후 걱정을 하지 않게 되었습니다.

실컷 놀아도 공부를 잘할 수 있다고, 힘들게 번 돈을 사교육 시장에 전부 가져다주지 않아도 된다고 세상에, 초보 엄마들에게 알려주고 싶었습니다. 집집마다 처한 환경이 다르고 아이마다 성향이 다르기에 '육아는 내 아이가 정답'이라고 생각합니다. 다만 10년간 두 아이를 키운 엄마의 이야기가 육아가 힘든 누군가에게 도움이 되었으면, 이 책을 통해 단 한 명의 아이라도 영어로부터 자유를 얻어 마음껏 뛰어놀 수 있다면 하는 바람으로 글을 썼습니다.

국어, 영어를 싫어하고 못했던 공대 출신 엄마

학창시절, 암기를 지독히도 싫어했던 저에게 영어는 참 힘든 과목이었습니다. 그런 제가 엄마가 되었습니다. 신기하게도 엄마가 되고 나니 욕심이라는 것이 생기더군요. 내 아이는 영어로부터 자유로웠으면, 그래서 영어 때문에 나처럼 학교에서 고생하지 않았으면 하는 바람이었습니다. 또, 좁은 우리나라에서 복닥거리지 않고 원하면 언제든 넓은 세상으로 나갈 수 있는 선택권을 주고 싶었습니다.

그렇다고 제가 배운 방법으로 아이들에게 영어를 가르치고 싶지는 않았습니다. 결과가 어떠한지 뻔히 알고 있었기 때문입니다. 문법도 단어 암기도 시키고 싶지 않았습니다. 그 역시 얼마나 재미없는 일인지 경험으로 알고 있으니까요. 생각해보면 우리는 특별히 문법을 배우거나 단어를 공부하지도 않고도 한국말을 잘합니다. 어려서부터 끊임없이 접하며 자연스럽게 터득한 것이지요. 바로 여기에 해답이 있다고 생각했습니다.

엄마표 영어, 어떻게 해야 성공할 수 있을까?

하지만, 엄마표 영어를 막상 시작하려고 하니 무엇부터 해야 할지 막막했습니다. 학창시절 영어를 잘 해본 적도 없고, 주변에 성공한 사람도 없을 뿐 아니라 영어교육을 하고 있는 엄마를 만나기도 어려웠습니다. 결국, 책과 인터넷에서 정보를 찾고, 아이들에게 다양한 방법을 시도하며 10년이라는 시간을 홀로 외로이 걸어왔습니다.

가장 힘들었던 점은 시작을 어떻게 해야 할지, 과연 이렇게 하면 아이들이 정말 영어로부터 자유로워질 수 있는지, 꼭 이 많은 활동을 엄마가 다 해야 하는지, 엄마가 언제까지 영어책을 읽어줘야 하는 건지 등에 대한 궁금증이었습니다. 영어를 유창하게 구사한다고 이야기하던 블로그의 아이는 초등학교를 입학하면서 사라졌고, 엄마표 영어를 성공했다고 말하는 책의 방법들은 엄마의 할 일이 너무 많아 시간도 체력도 부족한 제가 따라하기에는 버거웠습니다. 또 추천 받은 영어그림책 원서들은 가격이 비싸 구입이 엄두도 나지 않았고, 저희 동네 도서관에 비치된 영어책은 많지도 않았습니다.

중요한 방법만 남기면 엄마표 영어 누구나 성공할 수 있다

간단한 생활영어로 말도 걸어주고, 영어 단어카드도 만들어봤습니다. 영어그림책의 내용을 아이랑 주고받으면서 이야기하면 좋다고 해서 그것도 해봤습니다. 흘려듣기가 중요하다고 해서 DVD 플레이어를 열심히 틀어도 봤습니다. 하지만 저는 노력이 많이 들어가는 것은 꾸준히 하지 못했습니다. 저는 제 한계를 겸허히 받아들였습니다.

엄마인 저를 힘들게 하는 방법들을 내려놓았습니다. 영어책을 읽어주는 것이 힘든 공대 출신 워킹맘을 인정하고, 전자펜을 통해 아이들 스스로 영어책을 읽을 수 있도록 도와주었습니다. 어차피 보게 되는 TV를 영어로 보여준 후, 커피 한잔을 하며 쉬기도 했고 힘든 날은 잠을 자기도 했습니다.

다 내려놓고 핵심 방법 두 가지만 진행하니 저도 편하고 아이들도 편했습니다. 덕분에 엄마표 영어를 즐길 수 있었습니다.

어느 덧, 열 살이 된 쌍둥이는 영어책과 TV를 보며 깔깔깔 웃습니다. 파닉스를 따로 공부하지 않고도 영어그림책과 리더스북을 지나 챕터북을 읽고 있고, 둘이서 놀다가 자기들도 모르게 영어로 자연스럽게 말하곤 합니다. 무엇보다 영어를 좋아하고 편안해 합니다. 필요에 따라 두 언어를 자유롭게 넘나들고 있으니, 그야말로 영어가 제2의 모국어가 되어버렸습니다. 저도 모르는 사이에 감사하게도 제 꿈이 이루어졌습니다.

10년이라는 시간 동안 엄마표 영어를 진행하면서 어떤 실패를 했는지, 어떤 시행착오를 거쳤는지, 그래서 어떤 방법이 가장 효과가 좋았는지 모든 것을 뽑아냈습니다. 본디 첫사랑이란 추억 속에서 보정되고 미화되어 아름다워진다고 하지요. 세월이 흘러 "그냥 우리 쌍둥이가 저 알아서 잘 컸어요. 전 별로 한 게 없어요"라고 말하기 전에 제 기억 속에 잉크가 말라버리기 전에 최대한 남기려 노력했습니다. 또 수많은 육아선배들의 책을 읽고 도움을 받았듯, 저도 육아가 힘든 누군가에게 도움이 되고자 부끄럽지만 성공뿐 아니라 실패까지도 모두 공개했습니다.

엄마의 작은 노력이 아이를 크게 키운다

스스로도 영어에 자신이 없던 (심지어 지금도 여전히 자신이 없는) 초보 쌍둥이 엄마가 넘어지고, 쓰러지고, 고민하고, 수없이 시도하며 찾은 길. 아이는 놀이하듯 즐겁고 엄마는 여유 있는 그런 엄마표 영어도 있다는 걸 널리 알리고 싶었습니다. 과거의 저처럼 경제적으로 힘든 엄마들을 위해 아꼬몽이 효과를 본 저렴한 영어책과 구입 방법에 대한 노하우까지 최대한 담았습니다. (연령별 알짜배기 영어책, DVD 100여종 수록)

당장 육아가 너무 힘들다면, 그래서 엄마표 영어를 진행하는 것이 엄두도 나지 않다면 가장 효과 좋은 두 가지 방법만 가지고 엄마표 영어를 쉬엄쉬엄 진행해보세요. 효과 좋은 방법만 남기면 엄마표 영어 누구나 성공할 수 있습니다. 물론 시작부터 식은 죽 먹기라 하면 그건 거짓말이겠지만, 단언컨대 그 끝은 상상 이상의 놀라움을 선물할 것입니다.

엄마표 영어를 진행할 때 중요한 것은 '단순함'과 '재미'입니다. 진행 방법이 복잡하면 엄마가 계속하기 어렵고, 재미가 없으면 아이가 계속하지 못합니다. 어쩌면 영어는 육아에서 가장 긴 마라톤이 될지도 모릅니다. 너무 많은 짐을 들고 가면 멀리가지 못하는 법이지요. 효과 좋은 두 가지만 가지고 천천히, 조금씩, 꾸준히 걸어 가보세요. 아이가 무엇을 좋아하는지, 무엇을 재미있어 하는지를 알고, 그 분야의 영어 책과 DVD를 찾으면 됩니다. 딱 두 가지만 가지고 아이와 신나게 영어를 즐기면 됩니다.

그러면 어느 날 문득, 저처럼 영어로부터 자유로워진 내 아이를 만나게 될 것입니다.

차 례

003 ❖ 책 좋아하는 아이에게는 영어책도 책일 뿐

001

....

육아가 쉬워야
엄마표 영어도
할 수 있다

육아가 힘들면 엄마표 영어를 진행하기가 어렵다.
우선, 엄마가 해야 할 일들을 단순하게 만들어야 한다.

아이에게 마음껏 놀 수 있는 자유를 주면,
아이는 집중력과 창의력을 키울 수 있고,
엄마는 육아가 한결 쉬워진다.

집안일을 간소화하면 엄마의 몸과 마음에 여유가 생긴다.
그렇게 생긴 여유로움으로,
아이에게 영어책을 읽어주고 영어DVD도 찾아서 보여주면 된다.

그 힘들다는
첫아이가 둘?!

회사생활 7년차, 수많은 고민과 방황의 20대를 지나 30대 초반에 도착한 나는 지쳐 있었다. 대학을 졸업하자마자 열심히 공부해서 들어간 직장은 생각과 달리 만만치 않았다. 매일 이어지는 야근에 신입이라는 이유로 회식자리도 빠질 수 없었다. 복종을 강요하는 조직 문화에 적응하느라 젊은 에너지를 빼앗기면서, 나는 하루가 다르게 시들어가고 있었다.

사랑하는 사람을 만나 알콩달콩 연애도 했지만 나는 현실에서 도망치고 싶었다. '내가 원하던 삶은 이런 게 아니었는데' 삶에 쉼표가 절실히 필요했다. 그런 나의 간절한 바람으로 한 달 동안 유럽 배낭여행을 떠나기로 했다. 신혼여행으로 말이다. 4개월간 여행 생각만 했다. 책과 인터넷으로 정보를 찾고 돈을 모아가며 열심히 준비하던 어느 날, 혜성처럼 선물처럼 쌍둥이가 찾아왔다.

유럽여행을 앞두고 찾아온 임신 소식이라 놀랐지만 세상 물정 몰랐던 우리 부부는 쉽게 생각했다. '남들은 태교여행도 간다는데 유럽에 가서 천천히 산책하듯 여행 다니면 되지 않을까, 나라 수를 좀 줄이지 뭐.'

그래도 혹시나 하는 마음에 배낭여행을 다녀와도 되는지 의사선생님께 여쭤보았다.

"쌍둥이 엄마가 가긴 어딜 가요!"

정말 단호하고 짧은 대답이 돌아왔다. 너무나도 강하고 당연한 부정에 우리는 포기하기로 했다. 나라별 숙소, 여행지 중간중간 이동 기차. 그렇게 하나씩 취소했다. 취소 비용도 만만치 않았지만 속상한 마음이 더 컸다. 얼마나 가고 싶었던 배낭여행이란 말인가. 이번에 다녀오면 다시는 여행에 목말라하지 않으며 살겠다고 다짐했었는데… 마지막으로 비행기표를 취소하는 순간, 그동안 참았던 눈물이 결국 터지고 말았다.

이런 나의 곁에서 남편은 "쌍둥이 태어나면 넷이서 함께 가자"며 위로했다. '그래, 우선은 배 속에 있는 아이들의 안전이 우선이지. 괜찮아. 기회는 또 올 거야' 생각했다.

결론을 말하자면, 쌍둥이가 열 살이 된 지금도 우리는 유럽 배낭여행을 가지 못하고 있다. 두 아이를 데리고 가면 분명 돈은 돈대로 들고 고생은 고생대로 할 것이 불을 보듯 뻔하기 때문이다. 이렇게 10년간의 육아는 철없던 나를 세상물정 좀 아는(?!) 엄마로 바꾸어 놓았다.

잠깐만 기다려, 언니 우유주고 너도 줄게!

쌍둥이 임신기간에 인터넷과 책을 통해 육아 정보를 찾았다. 미리 잘 준비해놓으면 쌍둥이 육아도 문제없을 것 같았다. 하루는 자주 가던 인터넷 카페에 글이 올라왔다. 어린 두 아이를 혼자 돌보는 방법이었다. 쌍둥이 중 한 명에게 우유를 주는 동안 다른 한 명에게 "잠깐만 기다려, 언니 우유주고 다음에 너도 줄게" 하면 기다린다는 것이었다. '아, 이렇게 하면 되는 거구나' 하고는 쌍둥이 육아에 대해 별 걱정 없이 행복한 나날을 보냈다. 지금 그때를 생각하면 그저 웃음만 나온다. 그때 그 글은 진실이었을까, 아니면 내가 육아를 잘 못하는 걸까, 그도 아니면 우리 쌍둥이가 별난 걸까.

쌍둥이 임신 시절 내가 집중했던 것은 자연분만과 모유수유였다. "애는 낳기만 하면 저 알아서 잘 큰다"는 옛말을 철석같이 믿으며 편하게 보냈고 드디어 결전의 날을 맞이했다. 1차 목표인 자연분만을 우여곡절 끝에 성공하고 다음 미션으로 넘어갔다. 바로 모유수유. 여기서부터 나는 전쟁같은 쌍둥이 육아를 실감하게 되었다.

산후조리원에서 쌍둥이를 데리고 의기양양하게 집으로 돌아온 날, 두 아이를 아기 침대에 나란히 눕혀놓고 얼마나 뿌듯했는지 모른다. 우리 부부는 세상을 다 가진 것처럼 행복했다. 그러나 그 날 밤 밤새도록 우는 아이를 달래고, 기저귀를 갈고, 우유를 먹이느라 새하얗게 밤을 샜다. 신생아 수면주기는 평균 두 시간인데 두 아이는 번갈아가며 일어나 울었고, 우리는 한숨도 잘 수가 없었다. 그제서야 산후조리원 이모님들이 왜 그렇게 우리를 안타깝게 바라보았는지, 왜 밤마다 우리 쌍둥이는 신생아실 본인들 침대에 있지 않았는지 알게 되었다.

　정말 예측할 수 없는 날들의 연속이었다. 밤에 갑자기 우는 아이에게 달려가다가 미끄러져 거실 한복판에 대자로 뻗은 적도 있었다. 뇌진탕으로 큰일날 뻔했지만 다행히 하늘이 도와 살아서 이렇게 글을 쓰고 있으니 얼마나 감사한지 모르겠다. 어디 그 뿐인가, 한 아이를 안고 화장실을 가다가 다른 아이가 밖에서 울어 헐레벌떡 나오다가 그만 문에 발이 끼어 발톱이 빠진 적도 있다. 정말 아팠는데 아이들 놀랄까 봐 소리도 못 질렀다. 하나가 울면 또 다른 아이도 같이 울었다. 똑같은 장난감을 두 개 사주었는데도 꼭 하나를 갖고 다투기 일쑤였다. 그럼 재빨리 똑같은 장난감을 찾아 손에 쥐어줘야 했다. 무엇보다 아이들이 아플 때가 가장 힘들었다. 예민해진 아이들은 엄마만 찾았고, 서로 자기만을 안으라며 울고 또 울었다. 속상해서 나도 같이 울었다. 그렇게 하루하루 시간이 갔다.

　어느 순간부터 남편과 나는 힘들 때면 서로를 위로했다. "쌍둥이 집에 악 소리 나네" 하면서 말이다. 사랑으로 시작한 우리 부부는 육아라는 전쟁을 함께 이겨낸 전우가 되어가고 있었다.

쌍둥이를 독박육아까지 했다고?!

　남편은 평일에는 9시가 되어야 집에 들어왔고, 쉬는 날은 한 달에 이틀이 전부였다. 그래서 쌍둥이 두 돌까지는 친정 부모님과 돌봄 이모님 손을 빌려가며 키웠다. 혼자서는 정말 자신이 없었다. 그러다 아이들이 24개월 되었을 때 '이제 나도 좀 편해져도 되지 않을까' 하는 마음과 복직 준비를 위해 아이들을 어린이집에 보냈다.

　하지만 육아는 또 다시 나의 생각과는 완전히 다르게 흘러갔다. 편해지기는커녕 어린이집 안 가겠다고 우는 아이를 보내느라 마음고생까지 하게 되었다. 그 뿐이 아니었다. 다른 아이들과 함께 생활하는 곳에서 내 아이만 처지면 안 되니 옷과 신발도 신경 써야 했고 더 깔끔하게 아이를 단장해야 했다.

　그렇게 아이들을 어린이집에 보내놓고 내가 한 일은 청소하고 빨래하고 아이들 간식 만들어놓고 차 한 잔하며 갖는 여유 시간이 전부였다. 지금 생각해보면 그냥 아침에 편안하게 일어나 아이들과 세수도 안 한 얼굴을 서로 부비며 하루를 보냈으면 얼마나 좋았을까 싶다. 그까짓 청소 안 해도 그만인 것을. 차 한 잔의 여유는 영어TV 보여주면 생기는 거였는데. 역시 사람은 그 길을 걸어가봐야 지혜를 얻게 되는 것 같다.

　복직하기 전에는 어린이집에도 보내고 어찌어찌 두 아이를 혼자 돌보았다. 하지만 워킹맘이 되어 두 아이를 혼자 볼 자신은 없었다. 그렇게 두려움에 차일피일 복직을 미루던 어느 날, 이사 때문에 스트레스를 받기 시작했다. 복직을 고려해 나의 근무지 근처에서 계속 살아야 하는데 전세값이 갑자기 오르기 시작했다. 전세값이 집값과 거의 같아지는 이른바 '깡통 전세'가 되는 상황이었다. 두려움에 대출을 가득 안고 그냥 집을 사버렸다. 아무것도 모르면 용감하다는 말을 난 늘 경험으로 깨닫는다. 결국 일을 저질러놓고 대출금을 갚기 위해 출근을 하게 되었다.

애들 아빠는 아침에 좀 여유가 있는 편이어서 쌍둥이 등원은 함께 준비했다. 하지만 퇴근 후 나홀로 지친 몸을 이끌고 쌍둥이를 데리러 가야 했고 밤 9시까지 전쟁 같은 시간을 보내야 했다. 주말에도 툭하면 독박육아였다. 다른 친구들은 주말이면 아이들을 데리고 해외다 캠핑이다 여행을 떠났다. 그도 아니면 온 가족이 키즈카페도 가고 외식도 하면서 즐겁게 보내는 것만 같았다. 친구와 지인들의 소식을 들을 때마다 속상하고 힘들었다.

하지만 어찌하리오. 내가 선택한 남자인 것을. 무엇보다 남편은 늘 미안해했고 우리 가족을 위해 최선을 다했다. 늦은 밤 집에 오면 아이들 양치질과 재우는 것을 담당해주었다. 아이들이 잠들면 우리 세 여자가 하루 종일 먹을 음식도 준비해두었다. 닭볶음탕, 미역국, 소고기 무국, 제육볶음 등 한솥을 해두고 나갔다.

우리 가족을 위해 누구보다 최선을 다해 살고 있다는 것을 알기에 투덜거릴 시간에 아이들과 행복한 시간을 보내자 다짐했다. 그렇게 나는 쌍둥이를 데리고 놀이터로 나갔다. 공짜인 데다가 언제든지 피곤하면 집으로 돌아와 쉴 수 있는 곳, 나의 사랑 놀이터가 나는 제일 편했다.

힘들어서 나갔는데
놀이터가 천국이네

결혼하고 아이를 낳으면 놀이공원에 놀러가 예쁜 가족사진도 찍고, 아이랑 커플 옷도 맞춰 입으면서 그렇게 알콩달콩 깨 볶으며 살 줄 알았다. 멋스러운 유모차에 아이를 태우고 아이를 낳아도 여전히 아름다운 몸매를 유지한 나를 자랑스러워하며 한가로이 동네를 거니는 모습을 상상하기도 했었다. 어쩜 그리도 몰랐을까.

힘들었다. 처음이라 힘들고, 첫 아이가 둘이라 힘들고, 시시때때로 혼자서 두 아이를 돌봐야 해서 힘들었다. 임신했을 때는 고위험 산모라 단태아 엄마들보다 조금 더 조심해야 했다. 지인이 쌍둥이를 만삭에 잃는 안타까운 모습을 본 적이 있다. 그래서 쌍둥이 임신이 얼마나 위험한지 어렴풋이 알고 있었다. 임신한 엄마라면 한번쯤 등록한다는 산모교실 하나 신청하지 못한 채 그렇게 10개월을 거의 집에서만 보냈다. 어디 그 뿐인가. 출산 후 100일 동안은 면역력이 약한 쌍둥이를 위해 집에만 있었다. 100일이 지나서는 유모차나 자동차만 타면 우는 아이들로 또 집에만 있었다. 류머티스를 앓고 계신 친정엄마랑 단둘이 쌍둥이를 돌보는 상황에서 나 혼자 외출은 엄두도 낼 수 없었다. '아이가 하나인 엄마는 얼마나 좋을까. 다른 사람에게 아쉬운 소리 안 해도 되고 혼자 아이를 안고 나가면 될 테니' 한숨이 절로 나왔다.

(물론 아이가 하나여도 힘든 건 마찬가지라는 걸 지금은 잘 알고 있지만 그때는 유독 내가 더 많이 힘들다고 생각했다.)

쌍둥이, 첫 아이, 유모차 거부. 나는 생각을 바꿔야 했다. 불가능하다고 생각하면 핑계만 떠오르고 가능하다고 생각하면 해결책을 찾을 수 있는 법. 그래! 혼자가 안 된다면 같이 나가자! 하다 보면 아이들도 나도 요령이 생기겠지. 나가기로 마음먹었다. 처음에는 정말 딱 집 앞에서만 놀았다. 긴급사태가 발생하면 바로 들어오려는 나의 작전이었다. 조금씩 집 앞 외출이 익숙해지면서 우리는 조금 더 멀리가기 시작했고 시간도 30분, 40분, 1시간씩 늘어갔다.

아이는 마음껏 놀고 엄마는 쉬는데 공짜라니

봄이 오면 형형색색 피어난 꽃을 구경했고, 여름이면 단지 내 인공 개울가에서 개구리와 올챙이를 잡았다. 가을이면 예쁘게 물든 단풍을 구경했고, 겨울이면 옷을 두둑하게 입고 나가 내리는 눈을 맞으며 눈썰매도 탔다. 차만 타면 울어대는 아이들과 경제적으로 힘든 부모에게 단지 내 놀이터는 그야말로 천국이었다. 나가고 싶을 때 언제든지 나갈 수 있고 아이들이 떼 부리거나 배고파 하면 언제든지 집으로 들어올 수 있었다. 무엇보다 공짜였다.

바깥 놀이의 매력에 빠진 우리 셋은 점점 더 신나게 즐기기 시작했다. 놀이터뿐만 아니라 단지 내에서 아이들이 놀기 안전한 곳을 몇 곳 더 찾아두었다. 어떤 곳은 우리만의 아지트가 되기도 했다. 바깥놀이를 나갈 때는 아이들에게 물어보고 어디서 놀 것인지 결정했다. 일상생활 속에서 아이들에게 선택권을 줌으로써 스스로 좋아하는 것을 찾고 선택하길 바라는 마음에서였다.

엄마인 나의 육체노동을 줄이기 위해서도 노력했다. 어떻게 하면 외출준비를 쉽게 할 수 있을까, 어떻게 하면 아이들을 데리고 다니는 일이 수월해질까 하는 고민을 했다. 쌍둥이가 세 살 때 손잡이가 달린 2인용 자전거를 하나 샀다. 아이들은 스스로 자전거를 운전한다는 느낌이 들어 좋았고 나는 가방 하나 메고 손잡이를 사용해 뒤에서 밀면 되니 편했다. 양손은 항상 자유로워야 했기 때문에 메는 가방을 사용했다. 가방에는 책과 작은 휴대용 돗자리, 간식, 물휴지 등을 넣어 다녔다.

아이들이 무언가를 발견하고 놀기 시작하면 안전을 확인한 후 근처

그늘에 돗자리를 살짝 깔고 자리를 잡았다. 아이들이 자유롭게 노는 모습을 보며 준비해간 따뜻한 커피를 마시기도 했고, 읽고 싶었던 책을 읽기도 했다. 아이들은 엄마의 간섭을 받지 않고 호기심을 충분히 충족시킬 수 있어 좋았고, 나는 바쁜 육아에서 책 읽을 여유가 생겨 좋았다. 아이들이 안전한지 잘 놀고 있는지를 수시로 확인해야 했지만 여유롭게 보냈던 그 순간들은 나에게 선물 같은 휴식의 시간으로 남아 있다.

자연은 무한한 지식을 주는 둘도 없는 선생님

쌍둥이 세 살 즈음에 《칼 비테의 자녀교육법》을 읽게 되었다. 읽으면서 깜짝 놀랐다. 나는 그저 힘들고 집에 있는 게 답답해서 나가기 시작한 건데 밖에서 뛰어놀고 자연과 함께하는 우리의 일상이 칼 비테의 자녀교육법과 비슷한 점이 많았기 때문이다.

19세기 독일의 유명한 천재 Jr. 칼 비테의 아버지는 아침식사를 하기 전에 아들과 함께 산책하며 많은 것을 가르쳤다고 한다. 아이에게 쉬운 것부터 가르쳐야 한다고 생각한 칼 비테는 아이가 호기심을 갖고 바라보는 세상의 나무, 잔디, 개미, 집, 마차 등 모든 것을 가르쳤다. 산책을 하다가 꽃을 발견하면 꽃을 해부해서 특징과 작용에 대해 설명하고 메뚜기를 발견하면 메뚜기를 잡아 신체구조와 습성, 번식에 대해 알아보았다. 칼 비테는 "대자연은 사람에게 무한한 지식을 주는 세상에 둘도 없는 선생님인데 많은 부모와 아이들이 자연이라는 선생님을 찾지 않는다"며 안타까워했다. 또한 아이들의 창의력과 문제해결력은 놀이 과정에서 가장 많이 단련되고 다른 사람들과 어울려 놀이를 완성하며 협동력도 배운다고 했다. 칼 비테는 다양한 놀이를 통해 집중력, 관찰력, 기억력, 상상력, 조정력 등 아들의 능력을 키워주었다.

나는 꽃을 해부하거나 메뚜기를 잡아 신체구조, 습성, 번식 등에 대해 알아보지는 못했다. 대신 아이들에게 자연을 마음껏 느낄 수 있도록 자유를 주었다. 바닥에 주저앉아 한참 동안 무언가를 관찰해도 흙을 가지고 놀아도 아파트 단지 내 온갖 돌멩이, 나무, 열매, 꽃, 풀 등을 가지고 놀아도 위험하거나 남에게 피해를 주지 않는다면 그저 곁에서 지켜봐 주었다. 또 에너지 넘치는 두 아이와 칼 비테처럼 놀아주지는 못했지만 자유롭게 마음껏 놀이터에서 뛰어놀 수 있는 자유를 주었다. 쌍둥이가 칼 비테 주니어처럼 꼭 영재로 자라기를 바라지 않았기 때문에 내가 할 수 있는 만큼만 참고했다.

신나게 놀수록 커지는
집중력과 창의력

집에서도 밖에서도 쌍둥이가 무언가에 집중해 놀면 나는 조용히 곁을 지켜준다. 바깥놀이를 나가면 아이들이 가는 대로 뒤를 따라갔고 아이들이 가다가 멈추면 나도 멈췄다. 강아지풀을 발견하면 풀을 뜯고 놀았고, 민들레 홀씨를 만나면 홀씨를 후후 불며 놀았다. 쌍둥이의 작은 고사리손이 닿는 나무에 빨간 열매가 한창 열릴 때는 소꿉놀이 장난감을 가져가 실컷 놀게 했다. 이런 나의 일상은 밖에서 뿐 아니라 집에서도 비슷했다.

종이를 찢으면 신나게 찢고 놀 수 있게 신문지를 한아름 가져다주었고, 낙서에 관심을 보이면 마음껏 낙서하라고 아이들 방에 4절지 도화지를 주르륵 붙여두었다. 밀가루 놀이에 푹 빠져 있을 때에는 베란다에 미술용 비닐을 깔고 천 원짜리 밀가루를 사다가 부어주었다.

그렇게 나는 아이에게 무언가를 가르치기보다 아이 스스로 놀 만한 것을 옆에 놓아주었다. 아이가 관심을 보이면 마음껏 놀 수 있도록 기다려주었다. 솔직히 처음부터 어떤 목표를 가지고 한 행동은 아니었다. 그저 이 한 몸 편하자고 아이들이 놀면 노는 대로 놔둔 것뿐이다. 엄마는 피곤하니까.

그런데 이런 나의 육아방법이 아이들의 집중력과 창의력을 끌어올렸으니 소 뒷걸음치다 쥐 잡은 격이라고 해야 할 것 같다.

좋아하는 놀이를 마음껏 하면 저절로 높아지는 집중력

똑같이 열 시간을 공부했는데 성적이 다른 두 아이가 있다. 두뇌능력의 차이일 수도 있고, 독서로 인한 배경지식의 차이일 수도 있고, 집중력의 차이일 수도 있다. 이유는 다양한데 엄마들은 '공부 잘하는 아이'를 만들기 위해 공부하는 시간에만 의미를 둔다. 결국 성적이 안 나오면 자꾸만 더 공부를 시키려고 한다.

고등학교 3학년 때 매일 아침 7시 반까지 학교에 가서 밤 12까지 있었다. 나는 그때 장염과 만성체증을 달고 살았다. 어떤 친구는 두통으로 고생했고, 또 어떤 친구는 허리통증으로 고생했다. 정말이지 우리나라 아이들은 너무 많이 공부한다. 나는 쌍둥이가 나처럼 오랫동안 공부하며 살지 않았으면 한다. 우리 아이들의 인생이 쉬웠으면 좋겠다. 유희로 읽은 수많은 책을 통해 얻은 다양한 배경지식으로 학교 수업을 조금 더 빨리 이해했으면, 집중력이 높아 적은 노력으로도 원하는 성적을 얻었으면 좋겠다. 이 땅의 모든 엄마 마음이 그렇겠지.

그럼, 어떻게 하면 내 아이의 집중력을 높일 수 있을까? 답은 생각보다 쉽다. 자주 집중해보면 된다. 인간은 무엇이든 반복해서 노력하면 그 능력을 키울 수 있다. 예를 들어 명상에는 사과나 컵 등의 사물 하나를 책상에 놓아두고 일정 시간 집중해보는 방법이 있다. 이때 머릿속의 생각을 비우고 사물에만 집중해야 한다. 처음에는 쉽지 않다. 머릿속에 이 생각 저 생각 잡념이 자꾸 들어오기 때문이다. 하지만 꾸준히 연습하면 나중에는 꽤 오랜 시간 집중할 수 있게 된다.

그러나 집중력을 높이겠다고 아이를 앉혀놓고 사물을 바라보게 할 수는 없는 노릇이다. 무엇이든 억지로 하게 하면 아이들은 더 하기 싫어한다. 아이들이 좋아하는 것으로 접근해야 한다. 바로 아이들이 제일 좋아하는 놀이로 말이다. 스스로 좋아하는 놀이를 하면 아이들은 완전 몰입상태로 들어간다. 설거지하느라 잠시 한눈 팔았는데 각티슈에 들어 있는 휴지를 모두 뽑아놓고, 씻으려고 식탁에 올려둔 쌀을 다흩트려놓는 등 이런 아이들의 행동을 생각해보면 이해가 쉽다.

보통 아이들이 재미있어 하는 놀이는 어른들이 싫어하는 일이다. 화장실에 들어가 손을 씻는 줄 알았는데 물놀이를 하느라 욕실을 온통

물바다로 만들어 놓는다. 화장대에 올라가 온갖 물건들을 빼고 뚜껑을 열고 로션을 꺼내어 놓는다. 그러나 아이가 그런 행동을 할 때 자세히 관찰해보자. 얼마나 집중하고 있는지 깜짝 놀라게 될 것이다.

위험하거나 무언가를 크게 망가트리지 않는 선에서 마음껏 아이가 놀 수 있도록 판을 벌여주자. 그럼 아이는 자기가 좋아하는 놀이를 마음껏 하면서 집중력도 쑥쑥 키울 수 있다.

그저 더 재미있게 놀고 싶은 마음이 창의력을 키운다

우리 아이들이 살아갈 미래는 4차 산업혁명의 시대라고 한다. 인간이 지금 하고 있는 단순한 일들은 기계와 로봇이 대신하는 세상. 그래서 대체할 수 없는 인간의 고유능력인 창의력이 중요하다고 전문가들은 입을 모아 이야기한다. 그러니 창의력을 길러줘야 하는데 엄마인 우리 세대는 그저 선생님께 배운 걸 달달 외우고 외운 걸 시험 본 세대다. 수업시간에 질문을 하면 혼날까 두려워 듣기만 했던 주입식 교육의 세대. 그런 교육을 받은 우리가 어떻게 아이들의 창의력을 키워줄 수 있을까. 방법은 간단하다. 마음껏 놀리면 된다.

이쯤 되면 '뭐야, 무조건 놀리는 것이 만병통치약이라는 거야?' 라고 생각할 수도 있다. 하지만 내가 10년 동안 육아를 해보니 신기하게도 정말 그랬다.

쌍둥이는 보행기 대신에 택배상자를 밀고 다니다 돌 전에 걸음마를 시작했다. 그 후로도 심심할 때면 아이들은 물어본다. "엄마, 큰 상자 하나 있어요?" 하고 말이다. 택배상자 하나만 있어도 아이들은 재미나게 놀았다. 색연필과 사인펜을 가져와 그림을 그려 꾸몄고, 집에 굴러다니는 천들을 모아 상자 안을 푹신하게 만들었다. 세상에 하나 뿐인 자기들의 배가 탄생했다. 어디 그뿐인가. 목걸이를 만들라고 사준 비즈 구슬을 가지고는 소꿉놀이 장난감을 꺼내와 요리를 하며 놀았다. 그렇게 며칠을 요리하며 놀던 아이들은 블록판을 뒤집어 구슬을 모양별 색깔별로 나열하기 시작했다. 보석가게를 만든 것이었다. 쌍둥이는 한 가지 장난감으로도 다양한 방법으로 놀았다. 나는 그저 아이들이 실컷 놀 수 있는 충분한 시간을 주었고, 어질러도 잔소리하지 않는 넓은 마음만 갖고 있으면 되었다.

쌍둥이는 어려서부터 옷을 입을 때마다 나를 힘들게 했다. 꼬몽이는 자기주장이 강했고 아몽이는 촉감에 민감해서 조금만 불편해도 안 입겠다고 떼를 부리곤 했다.

네 살 때 꼬몽이는 한복을 좋아했다. 불편한 저고리는 안 입고 치마만 입겠다고 했다. 한창 공주에 빠져 있던 꼬몽이는 긴 치마가 자신을 공주로 만들어준다고 생각하는 눈치였다. 문제는 놀이터에 갈 때도 어린이집에 갈 때도 무조건 한복치마만 입겠다고 고집을 부리는 것이었다. 실랑이를 하다하다 결국 내가 포기했다. 꼬몽이는 내복 위에다 한복치마만 6개월 정도 입고 다녔다. 그렇게 쌍둥이는 자기들이 좋아하는 옷은 찢어져도 구멍이 나도 뭐가 묻어도 본인들이 원할 때까지 입고 또 입었다.

아홉 살부터 꼬몽이의 꿈은 의상디자이너다. 작아져서 입지 못하는 자기들 옷과 내 옷을 가지고 오리고 대충 꿰매어 세상에 단 하나뿐인 옷을 만든다. 어떤 날은 자신들이 모델이 되어 패션쇼를 한다. 색을 배치하는 감각이나 기존의 옷을 멋스럽게 새로운 옷으로 변신시키는 걸 보면 뿌듯하다. 이제 우리 부부는 옷을 살 때면 감각이 좋은 꼬몽이에게 물어보고 산다. 어디 중요한 곳에 갈 때도 어떤 바지와 티셔츠가 어울리는지 물어보고 꼬몽이가 좋다는 옷을 입고 나간다. 아이가 골라준 옷은 꽤 멋스러워 만족스럽기까지 하다.

그러던 어느 날, 위인전을 읽던 꼬몽이가 롤모델을 정했다. 바로 '코코샤넬'처럼 되겠단다. 한창 자라는 아이라 언제 다시 꿈이 바뀔지 모르지만 자기가 좋아하는 일을 찾아 몰입하는 모습을 보면 기특하고 재미있다. 나는 내 아이의 미래가 기대된다.

행복을 위해 내려놓은
단 하나의 집안일

쌍둥이 만 24개월까지는 그래도 나름 집안 청소를 열심히 했었다. 쌍둥이가 막 태어났을 때는 한창 신혼이라 집을 예쁘게 꾸미고 싶은 마음도 있었고, 워낙 깨끗한 집을 좋아하는 친정엄마가 종종 오셔서 도와주기도 하셨다. 무엇보다 온 집안을 기어다니고 보이는 모든 것을 빨아대는 아이들 때문에 청소를 안 할 수가 없었다.

하지만 아이들이 자라면서 행동반경이 넓어졌고 집을 더 많이 어지르기 시작했다. 여기에 아이들을 잘 키워보겠다는 마음으로 하루에도 몇 번씩 책을 읽어주고 엄마표 영어까지 진행하다 보니 나의 시간은 턱없이 부족해지기 시작했다.

아침이면 어린이집에 가기 싫어하는 아이들을 달래서 오전 10시 전후로 등원시켰다. 어린이집에 아이들을 맡기고 돌아와 세탁기에 빨래를 넣고 청소기를 돌리고 반찬을 만들었다. 그렇게 두세 시간을 동동 거리고 나면 점심시간이었다. 대충 점심을 먹으며 아이들 책과 영어 DVD를 인터넷으로 검색했다. 육아관련 책도 읽고 인터넷 세상에서 육아 정보도 수집했다. 그리고 오후 2시 반이 되면 아이들을 데리러 갔다. 아이들을 데리고 오면 놀이터에서 두세 시간을 놀리고 집으로 들어와 밤 9시까지 혼자 돌봤다.

어느 순간 육체적인 한계에 다다랐고 이대로는 안 되겠다 싶은 생각이 들었다. 무언가 다른 방법을 찾아야 했다. 그러던 와중에 박혜란 저자의 책《믿는 만큼 자라는 아이들》을 읽게 되었다. 그 책에서는 엄마가 너무 깔끔한 집안의 아이는 상상력이 빈곤하기 때문에 창의적이지 못하고 결국 공부도 잘 할 수 없다고, 인간의 상상력은 어질러진 공간에서 마음껏 피어날 수 있다고 했다. 작가는 넉살좋게 "집이 당신을 위해 존재하는 거지, 당신이 집을 위해 존재하는 것이 아닙니다. 아이들의 상상력을 키워주려면 너무 쓸고 닦지 마십시오" 라고 말했다. 이럴 수가! 어쩜 나에게 꼭 필요한 말이었다. 아니 솔직히 말하면 내가 듣고 싶은 말이었다.

책을 읽은 후 저자의 방법을 참고해 하루 중 내가 해야 할 일을 하나하나 적어보았다. 그리고 나만의 방식으로 우선순위를 기준으로 다시 나열해보았다. 가장 중요한 것은 가족의 건강과 아이들의 교육이었고 제일 마지막 순위를 차지한 것은 청소였다. 청소?! 어차피 오늘 해도 내일 또 해야 하는 것이 청소였다. 나도 박혜란 작가와 같은 결론에 도달했다. 아무리 열심히 해도 아이들이 다시 신나게 놀고 나면 엉망이 되어버리는 집. 깨끗한 집에 집중하면 아이들을 옴짝달싹 못하게 하고 키울 수밖에 없었다. 그렇게 나는 즐겁게 청소를 내려놓았다.

다행히 남편은 나보다 깔끔하지 않다. 깨끗한 집에는 별로 관심이 없는 사람이다. 아이들 재우고 집안일을 하려고 하면 오히려 좀 쉬라고 나를 말리는 사람이었다. 그런 사람이라 내가 청소를 내려놓아도 별로 신경 쓰지 않았다. 문제는 나의 사랑 친정엄마였다.

나는 친정살이하는 여자

어려서부터 나는 친정엄마와 사이가 좋았다. 첫째로 아들을 낳고 둘째이자 막내로 내가 태어났다. 부모님은 아들딸 구분하지 않고 평등하게 키우셨고 오히려 내가 막내라고 어리광을 많이 받아주셨다. 엄마와는 친구처럼 많은 이야기를 하며 자랐다. 내가 공부를 잘하는 편이어서 엄마는 나를 자랑스러워하셨다. 친구이야기, 학업이야기, 남자친구 이야기까지 엄마와 모든 것을 공유했다. 어떤 날은 엄마와 이야기하느라 밤을 새기도 했다. 그렇다. 엄마와 나는 베스트 프렌드였다. 그런 엄마와의 관계가 육아로 인해 틀어지기 시작한 것이다.

아이를 낳으면 어린이집에 보내고 직장생활을 할 거라고 결혼 전부터 생각했다. 어려서부터 몸이 약했던 친정엄마를 고생시키고 싶지 않았기 때문이다. 그러나 쌍둥이가 태어나면서 나는 엄마에게 도움을 청할 수밖에 없었다. 쌍둥이 100일까지 우리 집에서 함께 육아를 해주셨고 그 후에는 주말에 와주셨다.

어느 순간, 청소가 안 되어 있는 우리 집을 보고 엄마의 잔소리가 시작되었다. 워낙 깔끔한 걸 좋아하는 엄마였다. 우리를 키우던 시절에 엄마는 오빠가 방에서 아무리 울어도 하던 빨래를 다 끝낸 후에야 방에 들어갔다고 했다. 엄마에게는 아이를 돌보는 일보다 집안일이 우선이었다. 그런 친정엄마와 내가 만났으니 우리는 그야말로 극과 극에 서있게 되었다.

아무리 엄마가 잔소리를 해도 난 계속 집을 치우지 않았고, 아무리 내가 엄마에게 청소보다 아이를 잘 키우는 일이 더 중요하다고 해도 엄마의 잔소리는 끝이 없었다. 쌍둥이 육아를 도와주기 위해 우리 집 현관문을 여는 순간부터 엄마의 잔소리는 시작되었고 그런 엄마와 티격태격 다투는 모습을 보며 남편은 그저 멋쩍게 웃을 뿐이었다. "쌍둥이 엄마 친정살이하네" 하면서 말이다. 두 여자의 팽팽한 기 싸움에 본인이 설 자리가 없다는 것을 쌍둥이 아빠는 알고 있었다.

아이들이 감기에 걸리면 집이 이렇게 지저분하니 먼지 때문에 아이들이 기침한다고 하셨고, 아이들이 아토피로 고생할 때는 집이 이렇게 지저분하니 세균이 많아 아이들이 아프다고 하셨다. 정말 속상했다. 결혼 전 엄마와 사이가 좋아서였을까 서운함이 더 크게 느껴졌다.

청소 안 해도 우리는 잘만 살았다

쌍둥이 세 살 중반부터 청소는 평균 일주일에 한 번 정도 했다. 그 이상을 안 한 적도 있고, 더 이상은 안 되겠다 싶을 때나 집에 손님이 올 때는 특별히 청소를 하기도 했다. 청소를 안 하니 우선 집안일이 많이 줄어들었다. 엄마인 나는 육체노동이 줄어들면서 여유로운 시간과 체력을 얻었고 아이들은 마음껏 어지르고 놀아도 엄마가 허락해주니 즐거움을 얻었다.

그러던 어느 날, 한 TV 프로그램에 아토피가 심한 아이의 집이 방송되었단다. 그 엄마는 아이 아토피를 치료하기 위해 열심히 청소를 했고 온 집안을 식초로 가득 채웠다고 한다. 식초 물에 빤 걸레를 사용했으며 살균을 위해 집안 곳곳에 식초 스프레이를 뿌려댔다. 아이들이 사용하는 침구에도 식초를 뿌렸다. 그 방송을 보고 오신 친정엄마는 우리 집을 온통 식초세상으로 만들었다.

아이들의 아토피로 속상해하던 때라 나도 처음에는 열심히 따라했지만 역시 오래가지 못했다. 도저히 힘들어서 계속할 수가 없었다. 오히려 우리 부부는 아이들의 피부가 건강해질 수 있도록 더 많이 밖에서 놀렸다. 햇빛과 바람을 쏘이며 아이들의 피부는 검게 그을렸고 흙을 만지고 마음껏 뛰어놀게 했다. 그 결과 감사하게도 쌍둥이의 아토피는 사라졌고 피부도 건강하게 자랐다.

쌍둥이 네 살 후반에 복직하면서 워킹맘이 되었다. 워킹맘이 된 이후에는 정말 더 열심히 청소를 안 했다. 덕분에 퇴근하고 돌아오면 아이들 먹이고, 책 읽어주고, 함께 이야기 나누는데 시간을 더 많이 할애할 수 있었다. 지금 돌이켜보면 사람의 마음은 참 대단하다는 생각이 든다. 그때 우리 집 거실은 발 디딜 틈 하나 없을 정도로 아이들의 작은 소품과 책이 굴러다녔다. 걸어다니다 보면 수시로 쌀, 구슬 등에 발이 찔렸다. 정말 친한 친구 외에는 그 누구도 집에 초대하지 않았다. 친정 부모님의 경악도 끝이 없었지만 난 꿋꿋이 버텨냈고 아이들은 잘 자라주었다.

어린이집에 다니면서 감기에 자주 걸렸던 쌍둥이지만, 서서히 병원 가는 횟수가 줄더니 초등학교 입학 후에는 이제 거의 병원 근처도 안 가고 있다. 우리 집은 여전히 어수선하고 깔끔과는 거리가 멀지만, 그럼에도 아이들은 그 어느 때보다 건강하니 우리는 그걸로 충분히 만족한다.

우리 집이 미술관이고
예술의 전당이다

어려서는 쌍둥이란 이유로, 커서는 독박육아맘이라는 핑계로 아이들을 데리고 놀이공원이나 미술관 같은 곳에 거의 가지 못했다. 아쉬운 마음에 단지 내 놀이터에서라도 열심히 놀렸다. 풀 뜯고 놀고, 꽃 뜯고 놀고, 개구리, 잠자리, 매미를 잡고 자란 아이들. 그러나 놀이터에서 노는 시간마저도 엄마의 출근으로 줄어들어버렸다.

그동안 놀이터에서 함께 놀았던 또래 아이들은 계속 놀이터에서 놀았다. 여기에 추가로 미술관이나 과학관, 체험관에 다니기 시작했다. 주말에는 사람이 많아 입장도 어렵고 경쟁도 심해서 평일에 엄마 몇몇이 모여 아이들을 데리고 다녔다. '우리 쌍둥이도 데려가면 좋을 텐데…' 일하는 엄마의 마음은 점점 외롭고 무거워져 갔다.

미술관에 갈 수 없다면 우리 집을 미술관으로

그러던 어느 날, 아이들에게 위인전을 읽어주다가 괴테에 대한 책을 읽게 되었다. 괴테는《젊은 베르테르의 슬픔》같은 베스트셀러에서 《파우스트》같은 대작에 이르기까지 다양하고 폭넓은 작품을 남긴 위대한 작가다. 그런 괴테에게 사람들이 잘 모르는 사실이 하나 있다. 바로 괴테가 그림을 잘 그렸다는 것이다.

괴테는 아홉 살 무렵부터 그림을 그렸고, 남긴 그림이 무려 2,700여 점에 이른다. 그런 그에게는 그림을 무척 좋아해서 100여 점이 넘는 작품을 모은 아버지가 있었다. 어린 시절 이토록 많은 그림을 보고 자랐으니 얼마나 많은 미적 영감을 받았겠는가.

그때 무릎을 탁 쳤다. '그래, 미술관에 갈 수 없다면 우리 집을 미술관으로 만들면 되지'라는 생각을 하게 된 것이다. 경제적인 이유로 명화는 아니지만 이미테이션이라도 걸어둘 마음에 인터넷을 검색했다. 하지만 이미테이션도 가격이 비쌌다. 괴테의 아버지는 왕실 법률 고문관으로 100여 점이나 되는 그림을 수집할 수 있는 경제력을 갖고 있었다. 그런 경제력이 부러웠지만, 부러워만 하고 있을 수는 없었다.

어떻게 해야 하나 고민하다가 집에 있는 미술전집에 눈길이 갔다. 미술전집에는 부록으로 그림 모음집이 있었다. 아이들이 마구 가지고 놀다 행여나 망가질까 봐 책장 맨 위에 고이 모셔두고 있었다. 우선 그

걸 꺼냈다. 잠시 아깝다는 생각도 들었지만, 지금 우리 쌍둥이의 여섯 살, 이 시간이 더 소중했다.

그림들은 A4 사이즈로 되어 있었고, 화질이 좋지 않아서 그렇게 마음에 들진 않았다. '이런 그림도 도움이 될까? 괜히 부록만 망가트리는 건 아닐까? 엄마가 오시면 또 집안꼴이 이게 뭐냐고 한소리하겠지' 하는 생각에 한숨이 나왔지만, 어느새 나는 빈 벽을 찾아 붙이고 있었다. 아이들은 엄마가 또 무얼 하나 하고 다가왔다.

"그래, 잘됐다. 여기서 마음에 드는 그림 좀 골라볼래?"

두 아이는 신이 나서 열심히 고르기 시작했다. 5개씩 골라 10개가 되었다. 식탁 옆에 6개를 붙이고, 화장실 문 옆 세계지도 위쪽에 4개를 붙였다. 고르고 붙이는 과정에서 아이들은 "이건 신사임당 그림이다" "엄마, 이 아저씨는 여기에 왜 누워 있는 거예요?" "이 사람은 왜 팔이 나뭇가지예요?" 쉬지 않고 질문하고 재잘재잘 이야기했다. 내가 시작한 일이지만 대답하랴 붙이랴 정신이 없었다. 간단하게 설명이 되어 있는 것은 이야기 해주고, 난 그림을 잘 모르는 엄마니까 "왜 그럴까?" 라고 하면서 붙이는 작업을 끝냈다.

아이들이 그리스로마 신화에 관심을 갖기 시작했을 때 전집을 사주었다. 여섯 살이 되면서 신화에 조금씩 관심을 갖고 있던 참이라 또 대박이 나 버렸다. 아이들은 한 달이 넘도록 읽고 또 읽었다.

이 전집에 《월계수가 된 다프네》라는 책이 있었다. 하루는 아몽이가 이 책을 들고 "다프네?" 라고 하더니 "엄마 여기 있는 이 그림에 나오는 다프네예요!" 라고 말했다. 아이가 가리킨 그림은 안토니오 폴라이우올로의 〈나무로 변하는 다프네〉 그림이었다. 지난번에 그림을 붙일 때 유독 궁금해했던 작품 중 하나였다. 한 남자가 여자를 붙잡고 있고, 여자의 팔이 나무로 변하고 있었던 그 그림.

태양의 신 아폴론이 에로스가 조그만 화살을 가지고 노는 것을 보고 놀리자, 화가 난 에로스가 금 화살과 납 화살을 하나씩 꺼냈다. 그리고 아폴론에게는 금 화살을, 다프네에게는 납 화살을 쐈다. 금 화살을 맞으면 처음 본 사람과 사랑에 빠지게 되고, 납 화살을 맞으면 아무도 사랑할 수 없게 된다.
에로스의 금 화살을 맞은 아폴론은 다프네를 보자 마자 사랑에 빠졌다. 하지만 에로스의 납 화살을 맞은 다프네는 아폴론을 피해 다녔다. 아폴론이 계속 사랑을 구원하며 쫓아다니자 도망치다 지친 다프네는 아버지에게 차라리 자신을 나무로 만들어달라고 부탁했다. 그렇게 다프네는 월계수 나무가 되었고, 아폴론은 슬피 울며 말했다. "앞으로 당신의 나뭇가지를 승리의 화관으로 쓰겠소." 그 뒤로 아폴론은 언제나 머리에 월계관을 쓰고 다녔다.

이 책을 읽고 난 아이들은 이 그림을 이해하게 되었다. 책의 내용이 얼마나 재미있는지 나도 열심히 읽었다. 그 뒤로 아이들은 아폴론과 다프네에 대해서 줄줄이 꿰게 되었고, 한창 공주를 좋아했던 꼬몽이는 다프네가, 아몽이는 아폴론이 되어서 연극을 하기도 했다. 얼마나 열심히 연기를 하는지 아꼬몽 덕에 우리 집은 웃음바다가 되곤 했다.

딱딱한 클래식을 재미있게 듣는 방법

하루는 회사에서 '브런치 콘서트'를 갔다. 그곳에서 쇼팽의 음악을 들었다. 아이들을 키우며 클래식을 좀 들어본 터라 내심 내가 아는 곡이 연주될까 기대하고 있었다. 그런데 사회자가 음악과 쇼팽에 대해서 설명을 해주는 것이 아닌가. 쇼팽이 어떻게 성장했는지 쇼팽의 음악에 대한 열정과 쇼팽 국제 피아노 콩쿠르 등 다양한 이야기를 해주었다. 그리고 중간중간 이야기와 관련된 음악을 피아노로 때론 피아노와 첼로의 합주로 들려주었다.

음악에 무지한 나는 신선한 충격을 받았다. '이렇게 재미있게 음악을 들을 수 있다니!' 감탄했다. 그렇게 충격을 받고 돌아온 나는 바로 아이들에게 리플릿을 보여주며 쇼팽의 이야기를 들려주었다.

"오늘 엄마가 회사에서 쇼팽 음악회를 다녀왔는데 쇼팽 음악이 너무 멋지더라. 글쎄 쇼팽은 스무 살에 고향을 떠나 다시는 돌아갈 수 없었대. 그래서 마지막으로 죽을 때 자신의 심장만이라도 고향에 꼭 묻어 달라고 부탁했대."

"엄마, 우리도 같이 가지. 엄마만 갔어? 우리도 가고 싶은데."

"그런데 왜 심장만이라도 고향에 가고 싶다는 거야?"

쌍둥이는 호기심이 발동해 질문을 퍼부었다. 한참을 이야기 나눈 후, 마지막에 쇼팽이 자신의 장례식에 모차르트 음악을 연주해달라고 할 정도로 모차르트를 좋아했다는 이야기를 해주며 모차르트에 대한 호기심을 살짝 자극했다.

아는 만큼 보이고, 보는 만큼 느낀다고 했던가. 평소에 클래식을 살짝 틀어두기는 했지만 이 일을 계기로 이야기를 알고 들으면 음악이 훨씬 더 재미있다는 것을 깨닫게 되었다. 집에 클래식 CD가 있으니 인터넷으로 검색해서 이야기만 들려주면 되겠다고 생각했다. 하지만 피곤한 워킹맘이라는 이유로 이 핑계 저 핑계를 대며 차일피일 미루기만 했다. 역시나 내가 무언가를 하는 것은 안 되겠다는 결론을 내리고 음악동화 한 질을 구입했다. 내가 따로 공부하는 것은 쉬운 일이 아니었지만 음악동화책을 읽어주는 것은 쉬웠다. 그렇게 우리는 음악동화를 읽으며 음악에 대해, 음악가들에 대해 이야기했다.

가랑비에 옷이 젖는다는 말을 좋아한다. 내가 받은 주입식 교육을 경계하며 아이들을 좋은 방향으로 자연스럽게 이끌어주려 노력했다. 학습지를 풀거나, 억지로 책을 읽게 하지 않았다. 음악과 미술도 자연스럽게 아이들 삶 속에 스며들게 하고 싶었다. 가지 못하는 것에 대한 미련을 버리고 아예 우리 집을 미술관으로, 예술의 전당으로 만들었다. 집안 곳곳에 미술전집 부록으로 딸려온 그림을 붙였고, 달력에 나와 있는 명화를 오려 붙였다. 클래식 음악은 10장에 15,000원 하는 저

럼한 CD를 사서 틀어주었다.

그 덕에 쌍둥이는 클래식 음악을 들으며 소꿉놀이 장난감으로 티파티를 즐겼고, 베토벤의 운명을 들으며 엄마랑 잡기놀이를 했다. 화장실에 가면서 문에 붙은 반 고흐의 〈별이 빛나는 밤에〉 그림을 봤고, 식탁 옆에 붙은 명화들을 보며 밥을 먹었다.

그렇게 자란 아이들이 열 살이 되었다. 어려서부터 들었던 비발디의 사계를 피아노학원에서 배우고 온 날, 스스로 아름다운 그 곡을 연주할 수 있다는 것에 행복해했다. 이렇게 집에서 실컷 놀고 지적 호기심을 자극하는 환경 속에서 자란 아이들은 학문의 즐거움을 스스로 찾아가고 있다.

엄마표 영어를 시작하기 전에 알아두면 좋은 용어들

- 그림책 (Picture Book): 어린 아이들도 쉽게 책을 읽을 수 있도록 그림을 넣어 만든 책. 아이들의 눈높이에 맞는 그림을 통해 영어를 잘 몰라도 책의 내용을 이해할 수 있다.

- 리더스북 (Reader's Book): 아이 스스로 영어책을 읽을 수 있도록 읽기를 연습하는 책. 보통 단계별로 구성되어 있으며 1단계는 200개, 2단계는 300개 등 정해진 양의 단어로 이야기를 구성한다.

- 얼리챕터북 (Early Chapter Book, Early Reader, 초기챕터북): 컬러풀한 그림으로 챕터북 전 단계의 책. 리더스북에서 갑자기 챕터북으로 넘어가기보다 얼리챕터북을 통해 워밍업 해주면 좋다.

- 챕터북 (Chapter Book): 보통 여러 개의 챕터(chapter)로 구성되어 있는 이야기책. 그림보다 글씨가 훨씬 더 많고 주로 흑백이지만 탄탄한 이야기로 아이들의 흥미를 이끄는 책이다.

- 흘려듣기: 아이가 재미있게 보았던 DVD나 영어책을 화면이나 책 없이 소리만 틀어놓는 것.

- 집중듣기: 오디오CD 또는 전자펜의 소리에 맞추어 책의 글씨를 눈으로 따라가며 읽는 것.

002

누구나 할 수 있는
쉬엄쉬엄
엄마표 영어

엄마표 영어를 진행하면서 잊지 말아야 할 것은 두 가지다.
바로 단순함과 재미.

진행 방법이 복잡하면 엄마가 계속하기 어렵고,
재미가 없으면 아이가 계속하지 못한다.

어쩌면 영어는 육아에서 가장 긴 마라톤이 될지도 모른다.
너무 많은 짐을 들고 가면 멀리가지 못하는 법.
효과 좋은 두 가지만 가지고 천천히, 조금씩, 꾸준히 걸어가보자.

아이가 무엇을 좋아하는지, 무엇을 재미있어 하는지를 알고,
그 분야의 영어책과 DVD를 찾으면 된다.
딱 두 가지만 가지고 아이와 신나게 영어를 즐기면 된다.

그러면 어느 날 문득,
영어로부터 자유로워진 내 아이를 만나게 될 것이다.

내 아이 영어 습득의
적기는?!

학교에서 10년 넘게 영어를 배웠지만 나는 영어가 두려웠다. 그런데 이상하게도 이것은 나만의 문제가 아니었다. 남편도 내 친구들도 모두 영어 앞에만 서면 작아진다. 심지어 대학에서 영어를 전공한 친구조차 프리토킹이 여전히 불가능하다. 도대체 우리는 그 긴 시간 동안 무엇을 배운 걸까.

주입식 교육을 받은 우리들은 그저 시험에서 좋은 성적을 얻기 위해 단어와 문법을 달달 외웠다. 모든 시험이 끝나고 우리를 평가하는 사람이 사라졌을 때 우리의 머릿속에서 영어도 사라져버렸다. 영어로 말해본 적 없고 외국인과 대화할 일은 더더욱 없었다. 이제와 생각해보면 영어는 살아 있는 언어인데 죽은 교육을 받았던 것이다. 그렇게 수년간 힘들게 공부하고도 영어로 말 한마디 할 수 없는 교육 방법이 마음에 들지 않았다. 내 아이들은 이렇게 자란 엄마 아빠와는 다른 교육을 받았으면 했다.

쌍둥이는 영어로부터 자유로운 존재로 살아가기를, 그래서 원하면 언제든 넓은 세계를 무대로 자신의 꿈을 펼치기를, 여행을 좋아하는 엄마의 든든한(?!) 통역사가 되어주기를 바라는 마음으로 아이들과 함께 엄마표 영어를 시작했다. 하지만 생각과 달리 엄마표 영어는 그리 쉽지 않았다. 엄마인 나도 처음 가보는 길이었고 주변에 성공한 사람도 없었다. 결국 난 참 많은 시행착오를 홀로 겪어야만 했다.

매일매일 꾸준히 하지 못했지만 포기하지도 않았다. 하다 멈추다, 하다 멈추다, 징검다리 건너듯 '어떤 때는 쉬엄쉬엄, 또 어떤 때는 띄엄띄엄 그렇게 천천히 나만의 속도로 걸어왔다. 그랬더니 어느 순간 쌍둥이는 내가 바라던 모습을 하고 있었다. 자막 없는 영어TV를 보며 깔깔깔 웃고, 영어동요나 노래를 흥얼거리고, 영어책을 읽는다. 무엇보다 쌍둥이는 영어를 두려워하지 않는다. 영어가 재미있다고 생각한다.

어릴수록 거부감은 적고 습득이 빠르다

쌍둥이 생후 10개월 때 인터넷 쇼핑을 통해 《딩동댕 잉글리쉬》라는 영어 전집을 3만원에 구입했다. 그 책이 우리 집 엄마표 영어의 시작이었다. 그때부터 조금씩 생각날 때마다 영어동화책을 읽어주었고 저렴한 전집도 몇 질 더 구입했다. 하루에 한두 권 정도 읽어주었고 육아가 힘든 날은 쉬기도 했다.

그렇게 조금씩 영어동화책을 읽어주었을 뿐인데 아이들이 조금씩 반응하기 시작했다. "Hi, ToTo." 하며 인사말을 읽어줄 때 손을 흔들며 인사하는 모습을 보여주었다. 그랬더니 내가 이 부분을 읽어주면 아이들은 손을 흔들었다. 에릭 칼의 《Brown Bear, Brown Bear, What Do You See?》를 읽어줄 때는 노래와 함께 율동도 했다. 아이들은 이 노래와 율동을 정말 좋아했다. 하루는 꼬몽이가 "브라운 베어가 사라졌어요" 라고 말하며 낱말카드에 있는 Brown Bear를 새까맣게 칠하고 있었다. 가랑비에 옷이 젖고 있었다. 꾸준히 하면 성공할 수 있을 것만 같았다.

하지만 쌍둥이 20개월쯤, 이중 언어 교육의 부작용에 대해 알게 되면서 나는 영어교육을 멈췄다. 울고 싶은데 뺨을 맞는 격이라고 해야 할까. 영어동화책 몇 권 읽어주는 것으로 시작은 했는데 그 이후에 어떻게 해야 하는지 방법을 몰랐다. 홀로 외로이 갈팡질팡하던 나에게 이중 언어 교육의 부작용은 멈추기에 딱 좋은 핑계였다. 그렇게 조금씩 반응하던 아이들의 머릿속에서 영어는 서서히 사라져갔다.

그러다 쌍둥이 28개월쯤 인터넷에서 엄마표 영어를 진행하는 몇몇 집들을 보게 되었다. 우리말도 잘하고 영어도 잘하는 아이들을 보면서 나는 엄마표 영어를 다시 시작했다. 이번에는 좀 더 적극적으로 진행했다. 영어 전집도 더 많이 구입하고 영어DVD도 열심히 보여주었다. 그랬더니 이번에는 반응이 폭발적이었다. 영어노래를 따라 부르고 영어로 말도 했다.

하지만 내가 모르는 중요한 게 하나 있었다. 그것은 바로 엄마표 영어는 마라톤이라는 것.

마라톤 선수가 출발하자마자 전력질주를 한다면 어떻게 될까. 결승점에 빨리 도착할까. 오히려 결승점에 가지도 못하고 중간에 지쳐 포기하고 말 것이다. 그것도 모르고 초반에 너무 많은 체력을 소비한 나는 지쳐가기 시작했다. 열심히 하다가 힘들면 한동안 멈췄고, 그동안 한 게 아깝다는 생각이 스멀스멀 찾아오면 다시 열심히 했다. 그 뿐만이 아니었다. 아이들 한글떼기 한다고 멈추고, 복직해서 힘들다고 등한시했다. 또 중국어를 시작으로 다개 국어를 해보겠다고 욕심도 부렸다. 결국 쌍둥이의 영어실력은 내가 열심히 하면 올라갔다가 내가 등한시하면 내려가기를 반복했다.

한 살이라도 어릴 적에 영어교육을 진행하면 거부감은 적고 빠르게 습득할 수 있는 반면에 엄마인 내가 영어를 멈추면 아이들도 잊어버린다는 것을 경험을 통해 알게 되었다. 아직 스스로 공부할 나이가 아니기 때문에 영어 습득에 있어서 아이들은 수동적일 수밖에 없다.

영어는 어른이 되어서도 충분히 잘할 수 있다

가끔 정수기 플래너님이 집에 오신다. 정수기 필터 교체 등 일이 끝나고 나면 우리는 차 한 잔 하면서 이런저런 이야기를 나눈다. 나는 인생 선배님들과 나누는 이야기가 즐겁다. 하루는 그 분 따님의 영어교육에 대한 이야기가 화두에 올랐다.

딸이 고등학교 다닐 때 엄청난 돈을 들여 영어 사교육을 시켰지만 너무 못해서 결국 영어를 포기했다고 한다. 들인 돈이 아까워 속상한 마음에 "너는 어쩜 그렇게도 혀가 안 굴러가냐"고 한마디 하셨단다. 그랬던 딸이 대학에서 경영학을 전공하다가 2년 반 동안 호주로 유학을 다녀왔는데, 돌아온 딸의 영어발음이 얼마나 유창한지 깜짝 놀랐다고 하셨다. 결국 딸은 전공을 내려놓고 서울 유명 영어학원 강사가 되었다고 한다.

남편은 한국외대에서 터키어를 전공했다. 덕분에 외국어 습득 성공에 대한 다양한 사례를 들을 수 있었다. 학창시절 영어를 잘 못했던 친구들이 어학연수를 1년 정도 다녀오더니 영어를 원어민처럼 구사하더라는 것이었다. 영어뿐만이 아니었다. 한 친구는 중학교 때 영어공부를 시작했고 고등학교 때 중국어 공부를 시작했다. 마지막으로 대학에 들어와 터키어를 공부하기 시작했다. 그 친구는 대학을 졸업할 때 3가지 언어에 모두 능통해졌고 덕분에 대기업에 취직하여 지금은 터키지사에서 근무 중이다.

"성인이 되어 언어를 습득하면 모국어처럼 자연스럽게 받아들이진 못하지만, 오히려 목표의식을 갖고 집중해 빨리 습득할 수 있어. 그러니 즐겁게 하는 것은 좋은데 힘들면 그만해도 괜찮아."

쌍둥이와 영어를 진행하면서 결과가 나오지 않아 조급해질 때마다 남편은 곁에서 나를 안정시켜 주었다.

그렇다면 영어교육을 언제 시작하는 것이 좋을까? 이에 대해서는 전문가들도 의견이 분분하다. 한쪽에서는 너무 어릴 적에 영어교육을 시작하면 아이에게 혼란을 주어 모국어 습득에 문제가 생길 수 있다고 주장한다. 또 다른 쪽에서는 어릴수록 영어를 자연스럽게 그리고 빨리 받아들이며 원어민처럼 발음도 좋다고 주장한다.

내가 경험해보니 두 주장 모두 일리가 있다. 아이가 조금 커서 하는 영어는 거부감이 클 수도 있고 처음에는 조금 늦게 받아들일 수도 있다. 하지만 본인의 의지로 시작하거나 이미 우리말이 완성된 이후라서 배운 것을 더 오래 기억할 수도 있다. 반면에 아이가 한 살이라도 어릴 적에 시작하면 그만큼 받아들이는 것이 빠르고 거부감도 적다.

여기서 문제는 긴 육아기간 동안 엄마가 지쳐버린다는 데 있다. 엄마가 지쳐 영어를 등한시하면 아이 또한 빠르게 흡수한 만큼 빠르게 잊어버린다. 이렇게 일찍 시작했을 때나 늦게 시작했을 때나 장단점이 존재하니 어느 쪽의 주장이 정답이라고 말하기는 어렵다.

결국 내 아이의 영어 습득 적기는 '바로 지금'이다. 그러니 엄마가 꾸준히 진행할 준비가 되었을 때 엄마표 영어를 시작해보라고 이야기하고 싶다. 누구나 할 수 있다.

우리말을 생각해보자. 말문이 조금 늦게 트이는 아이도 있고 조금 빨리 트이는 아이도 있다. 중요한 것은 그 어떤 아이도 말 못하는 아이는 없다는 것이다. 그러니 옆집 아이가 영어를 몇 마디 할 수 있다고 해서, 자주 방문하는 블로그의 아이가 영어를 유창하게 한다고 해서 주눅들 필요 없다. 오히려 방해가 된다. 마음에 조급함이 찾아오는 순간, 결과를 보려는 욕심에 재미를 느낄 여유가 사라지기 때문이다.

엄마표 영어는 처음에는 엄마가 이끌어가야 한다. 하지만 영어를 즐길 수 있도록 환경을 만들어놓고 나면 그 다음에는 아이가 끌고 간다. 그 때부터는 아이가 좋아할 만한 영어책과 DVD만 찾아주면 된다. 그러니 그때까지만 노력하자. 솔직히 얼마 안 걸린다.

영어 습득 최고의 방법은
모국어처럼 습득하는 것

학창시절 내가 가장 좋아했던 과목은 수학과 체육이고, 제일 싫어했던 과목은 국어와 영어다. 외울 필요가 없는 수학이 좋았다. 기본 공식만 한 번 이해하고 나면 10문제도 100문제도 풀 수 있는 수학이 좋았다. 하지만 영어는 문법을 외우고 단어를 외워야만 했다. 암기를 지독히도 싫어했던 나에게 영어는 참 힘든 과목이었다. 그런 내가 엄마가 되었다. 엄마가 되고 나니 신기하게도 욕심이라는 것이 생겼다. 내 아이는 영어로부터 자유로웠으면, 그래서 영어 때문에 학교에서 고생하지 않았으면 하는 바람이었다.

그렇다고 내가 배운 방법으로 아이들에게 영어를 가르치고 싶지는 않았다. 결과가 어떠한지 뻔히 알고 있었기 때문이다. 문법도 단어 암기도 시키고 싶지 않았다. 그 역시 얼마나 재미없는 일인지 경험으로 알고 있었다. 생각해보면 우리는 문법을 배우지 않고도 특별히 단어를 공부하지도 않고도 한국말을 잘한다. 어려서부터 끊임없이 접하며 자연스럽게 터득했다. 바로 여기에 해답이 있다고 생각했다.

모국어를 한자로 써보면 母(어미 모), 國(나라 국), 語(말씀 어)이다. 영어로는 mother(어머니) tongue(혀), 프랑스어로는 langue(언어) maternelle(어머니의)다. 모두 '엄마의 언어'라는 뜻이다. 세계 어느 나라든 예부터 아이의 주 양육자는 엄마였다. 엄마를 통해 배우는 언어이기에 모국어라고 표현한 것이다. 쌍둥이가 엄마인 나를 통해 한국어를 습득했듯이, 엄마인 나를 통해 영어도 자연스럽게 습득할 수 있다면 얼마나 좋을까.

영어 못하는 엄마가 아이에게 줄 수 있는 두 가지 인풋

아이가 태어나면 우리는 '엄마' '아빠' '사과'처럼 아주 쉬운 단어를 알려준다. 그 다음에는 '밥 주세요' '아빠 사랑해요' '감사합니다' 처럼 조금씩 문장을 알려준다. 이렇게 우리말을 꾸준히 들은 아이는 돌 정도 지나면 한 마디씩 하기 시작한다. 처음에는 발음이 정확하지 않다. '맘마' '바빠' '하부지' 이런 식이다. 하지만 시간이 흐르면서 발음도 한국어 구사능력도 점차 좋아진다. 다섯 살 정도만 되어도 하고 싶은 말 다 하고 웬만한 말도 다 알아듣는다.

영어도 이렇게 하면 된다. 처음에는 단어를 알려주고, 그 다음에는 단문을 알려주고, 또 그 다음에는 복문을 알려주면 된다. 여기서 문제는 엄마인 내가 영어를 못한다는 것이다. 한국어 알려줄 때처럼 영어로 말을 걸어주면 영어도 자연스럽게 배울 수 있을 텐데 엄마도 아빠도 영어 프리토킹이 불가능하다. 그럼 어떻게 해야 할까.

두 가지 방법이 있다.

우선 하나는 영어동화책 읽어주기다. 아이를 품에 안고 편안하게 영어동화책을 읽어주는 것이다. 이렇게 하면 엄마가 영어로 말을 걸어주는 효과가 나온다. 여기서 아이가 책과 친해지는 것은 덤이다. 처음에는 아주 쉬운 한 줄짜리 영어동화책을 읽어주어야 한다. 엄마를 위해서다. 영어책 읽는 게 두렵고 힘들어지면 계속할 수 없다. 한 줄짜리 영어동화책을 꾸준히 읽어주다 보면 엄마도 아이도 어느새 영어가 익숙해진다. 그럼 그 다음에 두 줄짜리 영어동화책을 사서 또 반복해서 읽어주면 된다. 그러다 보면 어느 순간 엄마가 읽어주기 벅찬 영어책을 읽는 단계로 넘어간다. 이쯤 되면 전자펜을 쥐어주고 아이 스스로 영어동화책을 읽을 수 있도록 하면 된다.

또 다른 방법은 TV를 영어로 보여주는 것이다. 우리 부부는 쌍둥이에게 생후 17개월까지 TV를 보여주지 않았다. 자극적인 TV 노출을 미루고 미루다가 아침밥이라도 좀 제대로 먹고 싶어서 보여주기 시작했다. TV를 보여주고 남편이랑 아침밥을 먹을 때 얼마나 행복했는지 그때 그 기분은 지금도 잊을 수가 없다. 당시에 나는 '어차피 보여주는 TV,

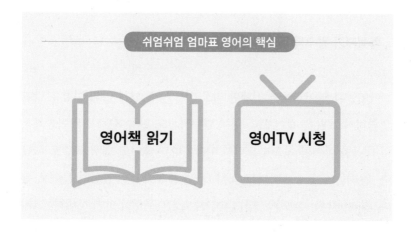

영어책 읽기

영어TV 시청

영어로 보여줄 수 있다면 얼마나 좋을까' 생각만 하고 방법을 몰라 포기했었다. 그러다 쌍둥이 29개월쯤 영어DVD 세계를 알게 되면서 영어교육에 불이 붙기 시작했다.

재미있는 TV는 아이들 스스로 몇 시간이고 신나서 본다. 그러니 내 아이가 즐겁게 볼 수 있는 영어TV 프로그램을 찾는다면 아이는 스스로 영어TV를 신나게 볼 것이고, 영어 인풋 양도 충분히 늘릴 수 있다. 그렇다고 엄마표 영어를 위해 영어TV만 실컷 보여주면 안 된다. 미디어는 양날의 검이다. 어린 나이에 TV 등 미디어 노출을 많이 하면 자칫 부작용으로 고생할 수 있다. 또한 영어책 읽기를 병행하지 않으면 뜻을 알아듣지 못해 결국 우리말 TV를 보게 된다. 그러니 두 가지를 함께 가져가야 한다. 영어TV와 DVD 활용법에 대해서는 뒤에서 좀 더 자세히 알아보자.

목적지가 멀수록 짐을 가볍게!

아이들과 영어교육을 진행한 지도 어느 덧 10년차가 되었다. 간단한 생활영어로 말을 걸어보고, 영어 단어카드도 만들어봤다. 영어동화책의 내용을 아이랑 주고받으면서 이야기하면 좋다고 해서 그것도 해봤다. 흘려듣기가 중요하다고 해서 DVD 플레이어를 열심히 틀어도 봤다. 하지만 나는 노력이 많이 들어가는 것은 꾸준히 하지 못했다. 그저 내가 꾸준히 한 것은 영어책 읽기와 영어TV 보여주기가 전부다. 이 두 가지만 꾸준히 한 지 참 오래되었다. 다 내려놓고 두 가지만 진행하니 나도 편하고 아이들도 편하다. 덕분에 엄마표 영어를 즐길 수 있었다.

마음 편하게, 천천히 진행한 결과는 놀라웠다. 쌍둥이는 여섯 살부터 영어로만 TV를 보고 있다. 영어TV를 보며 깔깔깔 웃고 재미나게 본 TV의 주인공 대사를 따라하기도 한다. 어떨 때 보면 놀다가 자기들도 모르게 영어로 대화를 하고 있다. 영어그림책을 시작으로 리더스북과 얼리챕터북을 지나 지금은 챕터북 집중듣기를 하고 있다. 열 살 쌍둥이는 현재 영어 챕터북의 70%를 스스로 읽는다. 아직은 읽는 능력보다 듣는 능력이 더 발달해 집중듣기를 통해 영어책을 읽고 있다. 조금만 더 가면 스스로 영어책을 즐기며 읽을 것이기 때문에 재촉하지 않는다. 결과는 이뿐만이 아니다.

지난해 가을, 나는 전화영어를 신청했다. 세계 여러 나라를 자유롭게 여행하기 위해 영어실력을 쌓고 싶었다. 일주일에 두 번, 한 번에 15~20분 정도 교재를 중심으로 영어로 이야기를 나눴다. 하루는 엄마가 영어로 대화하는 걸 보고는 자기들도 외국인과 대화하고 싶다고 했다. 아직 영어가 서툰 아이들에게 전화영어는 이르다고 생각했지만 쌍둥이가 계속 원해서 전화영어를 신청해주었다. 결과는 놀라웠다. 한번도 외국인과 그렇게 오랜 시간을 대화해본 적 없는 아이들. 쌍둥이는 주어진 교재를 가지고 외국인과 대화를 주고받을 뿐만 아니라 그외의 일상이야기도 나누고 있었다. 물론 선생님이 아홉 살 아이에 맞추어 대화를 이끌어주지만 자연스럽게 웃으며 영어로 대화하는 모습은 우리 부부를 깜짝 놀라게 했다. 남편은 이 정도일줄 몰랐다며 감탄했고, 엄마인 나의 어깨는 하늘 높은 줄 모르고 올라가는 순간이었다.

엄마표 영어를 진행하면서 다양한 방법을 쓰면 좋긴 하다. 문제는 엄마가 지친다는 것. 또 한편으로 아이가 학습으로 받아들일 수 있다는 것이다.

엄마표 영어는 어찌 보면 육아에서 가장 긴 마라톤이 될지도 모른다. 내가 경험해보니 젖병을 떼는 것도, 기저귀를 떼는 것도, 한글을 떼는 것도 이보다 오래 걸리지는 않았다. 목적지가 멀수록 짐을 가볍게 가져가야 한다. 짐이 무거우면 끝까지 갈 수 없다. 내려놓고 가야 한다.

복잡한 방법들, 엄마를 피곤하게 하는 방법들, 아이를 힘들게 하는 방법들 모두 내려놓고 딱 두 가지만 가져가자.

끝으로, 엄마가 확인하지 말아야 할 것이 하나 있다. 바로 아웃풋이다. 엄마표 영어를 진행하다 보면 자꾸만 아이의 영어실력을 확인하고 싶어진다. 하지만 밥이 다 되었는지 자꾸만 뚜껑을 열다 보면 죽도 밥도 안 되는 법. 확인해서 엄마뿐 아니라 아이까지 실망하는 것보다, 생각지도 않았을 때 아이의 아웃풋을 만나는 것이 훨씬 이롭다. 엄마는 그저 기다리고 있다가 아이가 작은 아웃풋이라도 꺼내 놓으면 폭풍 칭찬을 하면 된다. 그거면 충분하다.

그러니 꾸준한 인풋과 함께 묵묵히 기다려보자. 아이 머릿속에 영어가 가득차면 알아서 나온다. 예를 들어 모르는 노래 한 곡을 반복해서 계속 들어보자. 10번도 들어보고, 100번도 들어보자. 과연 누가 불러보라고 해야 부를까. 아님 서로 한 소절씩 주고받으면서 부르자고 해야 부르게 될까. 모두 상관없다. 그저 많이 들으면 어느 순간 나도 모르게 저절로 흥얼거리게 된다. 영어도 마찬가지다. 하루, 이틀, 한 달, 두 달, 1년, 2년 반복해서 들으면 저절로 영어로 말이 나오는 것이다.
중요한 것은 긴 시간 동안 영어책을 읽고 영어TV를 보려면 영어를 좋아해야 한다는 거다. 영어가 싫어지면 지속할 수 없다. 아무리 다른 사람들이 좋다고 말해도 내가 싫으면 들을 수 없는 노래처럼 말이다.

언어를 배우는
가장 빠르고 즐거운 길

쌍둥이를 임신한 엄마는 고위험 임산부로 분류된다. 고위험 임산부란 임신으로 인해 산모와 태아에게 악영향을 미칠 가능성이 일반 산모에 비해 높은 산모를 말한다. 임신기간 동안 뱃속에 두 아이를 동시에 품은 쌍둥이 엄마는 빠르면 32주에, 보통은 36주 전후로 조산을 하게 된다. 안 그래도 엄마 뱃속에 둘이 있어야 해서 단태아보다 체구가 작은 쌍둥이가 조산으로 인해 더 작은 모습으로 태어나게 되는 것이다.

체구만 작은 게 아니다. 엄마는 한 명인데 발달시기가 같은 아이는 둘. 초기에 굉장히 많은 체력을 필요로 하는 육아에 지친 엄마가 상호작용을 충분히 해주지 못해 언어발달이 느린 경우도 많다.

그래서 나는 쌍둥이가 옹알이라도 하면 더 열심히 반응했다. 동요를 부르며 춤을 추기도 하고, 두 아이를 옆에 끼고 그림책도 읽어주었다.

덕분에 쌍둥이였지만 아꼬몽은 말이 빨랐다. 6개월에 '아빠'라고 처음 말을 시작한 후에 돌이 지나면서 단문장으로 말하기 시작했다.

그림책을 읽고 자란 아이는 같은 또래에 비해 어휘력이 풍부하다. 문장 이해력도 높고 배경지식도 풍부하다. 이렇게 독서의 장점은 손에 꼽기 힘들 정도로 많다.

세계 최고의 언어학자 크라센은 《크라센의 읽기 혁명》에서 언어를 배우는 가장 빠르고 즐거운 길은 독서라고 했다.

"내가 내린 결론은 간단하다. 아이들이 즐기면서 책을 읽을 때, 아이들이 '책에 사로잡힐 때', 아이들은 부지불식간에 노력을 하지 않고도 언어를 습득하게 된다. 아이들은 훌륭한 독자가 될 것이고, 많은 어휘를 습득할 것이며, 복잡한 문법 구조를 이해하고 사용하는 능력이 발달되고, 문체가 좋아지고, 철자를 무난하게(완벽하지는 않겠지만) 써낼 것이다."

크라센의 이론에 따르면, 언어를 습득하는 방법은 간단하다. 영어를 잘하고 싶다면 영어책을 읽으면 되고, 중국어를 잘하고 싶다면 중국어책을 읽으면 된다. 문제는 영어를 잘하게 될 때까지 꾸준히 책을 읽어야 한다는 것이다.

과연 아직 어린 아이들이 영어책을 꾸준히 읽을 수 있을까? 이 문제를 해결하는 방법도 간단하다. 재미있는 영어책이면 된다. 아이가 좋아할 만한 이야기책을 찾아 꾸준히 읽어주면 된다. (이때 전자펜을 이용하면 엄마의 어려움은 해결된다) 그러면 크라센의 말처럼 아이들은 그저 재미로 책을 읽었을 뿐인데 영어를 잘하게 되는 거다.

아꼬몽이 그렇다. 엄마인 내가 한 살 때부터 영어동화책을 읽어주었다고 하면 아이들은 기억도 하지 못한다. 가끔 나도 모르는 영어단어의 뜻을 알고 있을 때, 어떻게 아느냐고 물어보면 "그냥~" 이라고 대답하는 아이들. 스스로 어떻게 영어라는 언어를 알아듣고 말할 수 있는지 아이들은 모른다. 그저 즐겁게 영어책을 읽는 시간 속에서 부지불식간에 영어를 습득했기 때문이다.

처음에는 엄마가, 그 다음에는 전자펜이 읽어준다

어려서부터 엄마랑 동요와 율동을 신나게 즐긴 쌍둥이는 흥이 많고 노래를 좋아한다. 그런 쌍둥이의 취향을 고려해, 28개월에 책의 내용을 노래로 불러주는 《씽씽 잉글리쉬》 전집을 구입했다.

《씽씽 잉글리쉬》는 '씽씽펜'이라는 전자펜이 책도 읽어주고 노래도 불러주는 전집이다. 처음으로 전자펜이라는 걸 접한 아이들의 반응은 폭발적이었다. 짧고 반복적인, 흥겨운 리듬에 맞추어 춤을 추기도 하고 노래를 따라 부르기도 했다.

아이들의 아웃풋에 놀란 나는 '왜 좀 더 일찍 사주지 않았을까' 잠깐

후회도 했다. 하지만 전자펜이 없는 시간 속에서 책을 읽어주며 아이들과 충분히 교감했고, 정서적 안정과 애착을 얻었다. 책을 읽으며 함께했던 시간은 무엇과도 바꿀 수 없는 소중한 추억이다. 이후 전자펜을 활용하면서 아이들의 영어발음도 좋아졌고, 전자펜을 찍은 후 함께 듣고 놀면서 목 아프게 영어책을 읽어주는 일은 점점 줄어들었다.

엄마표 영어를 진행하면서 가장 큰 어려움은 엄마가 영어책을 읽어주어야 한다는 것이다. 아이가 어릴 적에는 간단한 문장과 쉬운 단어니 그냥 읽어주면 되는데, 시간이 갈수록 어려운 단어와 문장이 등장한다. 나는 영어사전을 찾기도 했고, 아이들이 잠든 밤에 미리 공부해두기도 했다. 하지만 역시나 금방 지쳤다. 나는 나의 한계를 겸허히 받아들이기로 했다. 영어책은 거의 전자펜이 되는 전집만 찾아서 구입하기 시작한 것이다. 아이들은 이미 책을 좋아하는 아이로 자라 있었기 때문에, 내용만 재미있으면 전자펜으로 재미나게 읽었다.

엄마표 영어를 처음 시작한다면 우선 한두 줄짜리 쉬운 영어그림책부터 읽어주면 된다. 꾸준히 한글그림책과 영어그림책을 번갈아 읽어주다 보면 자연스럽게 책을 좋아하는 아이로 자란다. 여기에 조금 재미있는 영어TV도 보여주고, 영어동요를 틀어놓고 춤도 추다 보면, 어느 순간 아이가 자기 수준의 영어를 알아듣게 된다. 그러면 이때부터 엄마는 환경만 만들어주면 된다. 전자펜이 되는 영어 전집을 구입하고 내 아이의 취향에 맞는 영어책과 DVD를 찾으면 되는 것이다.

그러니 영어가 어렵다고, 영어 발음이 안 좋다고 두려워 포기하지 말고 엄마표 영어를 시작했으면 한다.

영어그림책일수록 저렴해야 한다

우리말은 차고 넘치도록 많이 듣는다. 많이 듣고 상호작용도 충분히 한 아이는 어느 순간 우리말을 시작한다. 그렇다면 영어는 어떨까. 차고 넘치도록 많이 듣는 방법은 꾸준히 영어책을 읽고 영어TV를 보는 것이다. 그렇다면, 같은 책을 반복해서 읽어야 할까? 아니면 다양한 책을 두루두루 읽어야 할까? 곰곰이 생각해 보면 답이 쉽다.

노랑, 빨강, 파랑 등 색깔을 알려주는 영어그림책 한 권을 반복해서 읽어주면 아이는 그 책에 나오는 영어단어와 문장만 알게 된다. 동물에 관한 영어그림책 한 권을 추가해서 읽어주면 이번에는 동물에 관련된 영어단어와 문장도 알게 된다. 엄마가 아이에게 들려줄 수 있는 영어 소리는 책이 전부이기 때문이다. 그러니 아이가 다양한 문장과 단어를 구사하길 바란다면 영어그림책을 다독해야 한다.

단순하게 생각해보자. 영어 전집 한 질에서 배우는 영어단어가 100개라고 할 때, 여섯 질에서 배울 수 있는 단어는 600개가 된다. 만약 영어그림책을 구입할 수 있는 돈이 30만원이 있다면 어느 쪽을 선택하

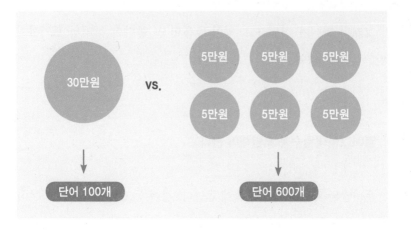

는 것이 더 효과적일까? 나라면 영어 전집 한 질을 30만원 주고 구입해
서 1년 동안 반복하는 것 대신 5만원 가격의 전집 여섯 질을 구입하는
걸 선택할 것이다. 실제로 아꼬몽이 한 살부터 세 살까지 구입했던 영
어그림책은 네 질 정도 된다. 권수는 총 80권, 모두 새 책을 구입했고
가격은 16만원이다.

　브랜드 전집을 영어로, 그것도 보드북으로 구입하면 가격은 정말 비
싸다. 나도 쌍둥이 어릴 적에 브랜드 전집이 정말 갖고 싶었다. 왠지 그
비싼 전집만 있으면 우리 아이들이 영어를 엄청 잘할 수 있을 것만 같
았다. 인터넷에서 그 전집을 갖고 있는 집이나 지인을 보면 그렇게 부
러울 수가 없었다. 하지만 나는 현실을 금방 파악했다. 그 전집 하나 사
고 나면 한동안 아이들에게 한글책도 영어책도 사줄 수가 없다는 것을.
　그 뿐만이 아니다. 비싼 브랜드 전집을 구입하면 아까워서 정말 소
중히 다루게 된다. 한 친구는 비싼 브랜드 전집 하나 사서 정말 아끼면

서 읽어줬다. 아이가 책을 읽지 않으면 바로 책장에 진열했다. 아이가 물거나 빨아도 안 된다. 결국 친구가 그렇게 아끼던 전집은 친구의 바람대로 오랫동안 깨끗하게 그 모습을 유지했다. 그리고는 중고로 팔려갔다. "그래, 어디 한국에서 영어 잘하는 것이 쉬운 일이겠어? 역시 어려워" 하며 친구는 포기했다.

영어책은 한글책보다 비싸다. 전자펜이 되는 책이나 오디오CD가 있는 책은 더 비싸다. 그러니 아이들이 영어를 처음 시작하는 시기에는 무엇보다 저렴한 책을 사야 한다. "I see red." "Hello, Toto." "I love you, mom." 이렇게 단순한 문장을 읽어주기 때문에 전자펜도 필요 없다. 그냥 엄마가 읽어주면 된다. 비싼 브랜드 전집이 사고 싶을 때마다 통장 하나 만들어서 저축해놓고 저렴한 책을 사서 열심히 읽어주자.

시간이 흐르면 엄마가 영어책을 읽어주기 벅찬 순간이 온다. 그때가 되면 이 통장에서 돈을 꺼내어 전자펜이 되는 책, 오디오CD가 있는 책을 구입해서 아이 스스로 읽을 수 있도록 해주자. 그래야 엄마표 영어 끝까지 갈 수 있다.

Ding Dong Dang English

딩동댕 잉글리쉬

★ 오디오CD ★

★ 구성 : 보드북 20권, CD 3장 (당시가격 3만원)

★ 추천연령 : 1세 ~ 5세

전권 보드북 구성으로, 아꼬몽이 장난감처럼 밀고 다녔고 빨기도 했다. 한 페이지에 1~2개 문장으로 되어 있어 읽어주기도 쉬웠다. 책을 읽어주고 나면, 책의 내용을 노래로 불러주는 CD를 틀어두기도 했다. 지금은 아쉽게도 절판되었지만, 처음에는 이렇게 저렴하면서 쉬운 책을 찾아 읽어주면 된다. 그래야 엄마의 스트레스를 줄여, 엄마표 영어를 꾸준히 할 수 있다.

New baby Animals

★ 구성 : 페이퍼북 10권, CD 1장 (당시가격 3만원)

★ 추천연령 : 1세 ~ 5세

당시에는 보드북 구성이었으나 지금은 페이퍼북 구성이다. 대신 전자펜
(세이펜)이 가능하다. 세이펜이 전체 이야기를 읽어줄 뿐 아니라, 노래와
챈트까지 추가되었다. 가격도 3만원 미만으로 저렴하다. 어려서부터 자연
관찰책을 읽어주어 아꼬몽은 식물과 동물에 대한 사랑과 관심이 크다.
일반 자연관찰 책과 달리 주인공이 모두 아기동물이라 5세 미만의 아이들
에게 읽어주기 좋다. 문장도 단순하고, 한 페이지에 1~2줄밖에 되지 않아
엄마가 읽어주기에도 부담이 없다.

샤방샤방 English

★ 구성 : 보드북 20권 (당시가격 5만원)

★ 추천연령 : 1세 ~ 5세

아가들도 편하게 보기 좋은 보드북 20권이다. 가격은 조금 올랐지만 대신 전자펜(세이펜)이 가능해졌다. 책마다 이야기 전체를 읽어주는 노래가 좋다. 그래서 아이들과 재미나게 읽은 후, 흘려듣기로 오디오CD를 틀어두기도 했다. 도깨비, 괴물, 방귀 등을 주제로 한 재미있는 창작 그림책으로, 아꼬몽이 참 좋아했던 전집이다. 5세 이하의 아이들에게 읽어주기 좋다.

가격도 6만원 미만으로 저렴하고, 글의 양도 한 페이지에 1~2줄밖에 되지 않아 엄마가 읽어주기에도 부담이 없다.

삼성 세계명작 영어동화

★ 구성 : 양장본 30권, CD 8장 (당시가격 5만원)

★ 추천연령 : 1세 ~ 초저

아꼬몽 두 살에 구입해서 일곱 살까지 활용했던 책이다. 한 페이지에 3~4
줄 정도로 다소 글의 양이 많아 보이지만 내용이 모두 쉬워서 영어 못했던
내가 읽어주기에도 무리가 없었다. 또 마지막장에 해석본이 있어서 더욱
편했다. 잠자리 독서는 이야기가 길어야 했기 때문에 주로 한글전집을 읽어주었는데, 당시 유일하게 활용했던 영어 전집이기도 하다.

다만 당시에 비해 가격이 많이 올라 아쉽지만 우리에게는 중고서점(개똥
이네 등)이 있으니 활용하면 된다.

영어TV로 엄마표 영어에
날개를 달자

우리 부부는 쌍둥이를 낳고 아이들의 TV 시청을 언제부터 시작할지에 대해 고민했다. 6남매 중 막내로 태어난 남편에게는 초등학생부터 대학생, 회사원까지 연령도 다양하게 총 아홉 명의 조카가 있다. 덕분에 남들이 이야기하는 성공육아의 허울뿐이 아닌 형과 누나들이 어떤 교육관으로 아이들을 키웠고, 그 결과가 어떠한지도 알 수 있었다. 그렇게 오랜 시간에 걸쳐 쌓인 간접경험은 아꼬몽을 키우는데 많은 도움이 되었다. 특히 TV, 컴퓨터, 핸드폰을 노출한 조카들에게서 나타난 미디어의 문제점을 알고 있었다.

남편의 생각은 이러했다. 첫째, TV 등 영상에 너무 빨리 노출되면 중독될 가능성이 크다. 둘째, 아직 시력이 완성되지 않은 아이들에게 위험할 수 있다. 셋째, TV 등 영상에 일찍 노출되면 상대적으로 정적인 책에서 재미를 느끼기 어렵다.

긴 대화 끝에 우리는 미디어 노출을 최대한 미루기로 결정하고 TV 전원을 껐다. 그리고 아이들이 잠들면 소리를 줄이고 몰래 숨어서 TV를 봤다. TV를 정말 좋아했던 나에게 엄청난 일이 아닐 수 없었다.

참고 참다가 '아침밥이라도 좀 편하게 먹어보자' 라는 마음으로 쌍둥이 18개월부터 TV를 보여주기 시작했다. 어차피 보는 TV, 영국이나 미국의 어린이 방송을 영어로 보여주고 싶었지만 방법을 몰라 생각에서 멈춰야 했다. 그러다가 쌍둥이 29개월쯤 영어DVD 세계를 알게 되면서 엄마표 영어에 날개를 달게 되었다.

문법 규칙은 몰라도 영어를 알아듣는 핀란드 아이들

처음 엄마표 영어를 시작했을 때는 몰랐던 사실이지만, 핀란드는 학교 교육만으로 국민의 70% 이상이 영어를 자유롭게 구사한다. 우리처럼 초등학교 3학년부터 영어교육이 시작되는데, 우리와 달리 고등학생 정도만 되어도 영어로 토론이 가능하다. 핀란드어는 영어와 같은 인도유럽어 계통의 언어가 아니다. 오히려 한국어와 같은 우랄알타이어 계통의 언어로 분류된다. 게다가 어순과 구조도 영어와 많이 다르다. 그럼에도 불구하고 핀란드 사람들이 영어를 잘하는 비결은 무엇일까?

80년대까지는 우리와 같은 문법 중심의 영어교육 국가였던 핀란드. 학교 영어교육의 목표가 의사소통능력 강화로 바뀌면서 모든 영어교육의 내용이 말하기 중심으로 바뀌었다. 그 뿐만이 아니다. 핀란드는 영어로 된 TV 프로그램을 핀란드어 자막만 넣은 채 영어 그대로 방송한다. 어떤 채널은 영어 만화방송을 자막도 없이 하루 종일 내보낸다. 덕분에 아이들은 영어로 된 만화와 드라마를 보면서 자연스럽게 영어환경에 노출된다.

- 출처: KBS2 세계는지금(2011. 11월 방영), 경향신문 포용교육 현장을 가다(2007. 11월 기사)

결국 넉넉한 유년시절의 시간 속에서 영어로 된 다양한 콘텐츠를 접하면서 영어에 익숙해진 핀란드 아이들은 영어발음과 언어구조를 자연스럽게 습득한 후, 학교에 가서 본격적으로 말하기 훈련을 하게 된다. 여기서 우리가 주목해야 할 것은 학습이 아니라 습득이라는 것이다. 그저 재미로 보는 TV인데 그 소리가 영어인 것이다.

엄마들의 든든한 육아동반자 아꼬네 영어DVD 활용법

쌍둥이 29개월쯤 영어DVD 세계를 알게 된 후, 한글TV와 영어TV를 번갈아가며 보여주기 시작했다. 확실히 영어그림책만 읽어줄 때와 달랐다. 영어를 듣는 양이 늘어날수록 아이들은 영어와 더 친숙해졌다.

그러나 엄마표 영어를 꾸준히 진행한다는 것은 쉬운 일이 아니었다.

열심히 진행하다가 한글뗀다고 등한시하고, 워킹맘이 되어서는 피곤하다고 외면했다. 또 중국어 한다고 등한시했다. 그러다 쌍둥이 여섯 살에 '이대로는 아무것도 안 되겠다' 싶은 생각이 들었다. 중국어를 내려놓고 영어만 진행하기로 했다. 회사일이 한창 바쁠 때여서 내가 무엇을 해주기는 어려울 것 같았다. 그래서 TV를 영어로만 보여줘야겠다고 결심했다.

그동안 한글과 영어를 번갈아 시청했기 때문에 적응하는데 시간이 필요했다. 서서히 한글은 줄이고 영어를 늘려 나갔다. 동시에 아이들이 좋아할 만한 영어DVD를 열심히 찾았다. 한글TV는 늘 보여주던 것을, 영어TV는 새로운 것을 보여주었다. 본 것을 계속 반복해서 보니 한글 TV는 점점 재미가 시들해져갔다. 새로운 영어TV가 더 재미있는 건 당연한 일이었다. 그렇게 서서히 한글TV 시청을 줄여 여섯 살 봄부터는 영어로만 TV를 보고 있다.

아이들에게 TV를 영어로만 보여주면서 엄마인 나의 자존감은 올라갔고, 육아도 편해졌다. TV를 보여줄 때의 미안함도 사라졌다. 아이들이 TV를 보는 시간에 여유롭게 차도 마시고 책도 읽었다. 그렇게 10년간 영어TV를 보여주면서 노하우도 쌓였다.

첫째, TV는 무조건 영어로만 보여준다. 아이가 어릴수록 큰 무리 없이 진행이 가능하다. 하지만 이제 겨우 서너 살인데도 영어TV를 거부하는 아이들도 있다. 괜찮다. 거부하면 한글과 영어를 번갈아가며 보여주자. 시간을 두고 조금씩 영어의 비중을 늘려가면 된다. 중요한 것은 한글TV 보여주고 여기에 영어교육을 위해 추가로 영어TV를 보여주는 것이 아니다. 한글TV 보던 시간을 영어TV 보는 시간으로 바꾸는 것이다. TV 등 미디어의 노출은 부작용이 있기 때문에 신중하게 접근해야 한다.

둘째, TV를 시청하는 일정한 시간 정하기. 취학 전 아꼬몽의 TV 시청 시간을 최대한 일정하게 유지하려 노력했다. 평일에는 아침 30분, 저녁 한 시간. 주말에는 아침, 점심, 저녁으로 나누어 40분에서 1시간씩 보여줬다. 영어DVD가 좋은 점이 DVD 한 장의 상영시간이 그리 길지 않다는 것이다. 보통 40분에서 한 시간 정도로, DVD 한 장 틀어주고 끝날 때까지만 보게 했다. TV 중독 방지를 위해 되도록이면 한 시간 정도 시청한 뒤 바깥놀이, 책읽기, 스스로 놀기, 엄마랑 놀기 등을 진행했다.

그냥 편안하게 DVD 한 장의 상영이 끝나면 TV도 끄면 된다. 아이들도 습관이 되면 당연하게 생각한다. 가끔 더 보고 싶다고 조르면 조금 더 보여주기도 했고, 내가 피곤하고 힘든 날도 조금 더 보여주었다. 그런가 하면 TV를 아예 안 본 날도 있다. TV는 방심하면 무한정 시청하게 될 위험이 있으므로 시청시간을 정해두고 보는 것이 좋다.

셋째, TV는 거실에 놓고 시청은 아이 혼자하기. 우리 집에서 아이들의 주 활동장소는 거실이다. 취학 전에는 밥 먹고, 책 읽고, TV 보고, 놀고 거의 모든 활동을 거실에서 했다. 바쁜 나를 위한 선택이었다. 가장 중요한 집안일인 요리를 하거나 설거지를 할 때 아이들이 거실에 있으면 돌보기가 수월했다. 새로운 영어DVD를 샀을 때는 반응이 어떤지도 관찰할 수 있었다. 설거지를 하다가도 DVD가 끝나면 TV를 끄고 다른 놀이를 할 수 있도록 했다. 요리를 하다가 아이들이 다투면 말리러 갔다. 무엇보다 TV를 같이 보지 않아도 엄마가 요리하는 모습이 보이고, 빨래를 들고 왔다갔다 하는 모습이 보이면 아이는 혼자라는 생각이 안 든다. 엄마가 계속 보이니, 아이 입장에서는 엄마랑 늘 함께 있는 기분이 드는 것이다.

솔직히 쌍둥이와 함께 TV를 시청한 적은 거의 없다. 아이들에게 TV를 보여준 것은 엄마인 나에게도 휴식이 필요했기 때문이다. 아이들에게 TV를 보여준 후, 차 한 잔의 여유로 재충전을 하기도 했고 아플 때는 잠도 잤다.

넷째, 교육용 DVD 선별해서 보여주기. 아무리 영어라고 해도 자극적인 내용, 폭력적인 내용, 이상한 말을 사용하는 DVD는 보여주지 않았다. 육아에서 '모로 가도 서울만 가면 된다'는 생각은 위험하다. 자칫 자극적이고 폭력적인 TV에 노출되면 처음에는 TV도 잘 보고 영어를 더 빨리 습득하는 것 같은 생각이 든다. 하지만 그런 TV는 자극이 강해서 아이들을 중독되게 하고 상대적으로 자극이 약한 책을 멀리하게 만든다.

천천히 가도 된다. 영어DVD 세계는 무궁무진해서 교육용 DVD가 굉장히 많다. 새로운 세상으로 모험을 떠나기도 하고, 아이들에게 따뜻한 인성을 길러주기도 하고, 과학이나 수학적 지식을 알려주기도 한다. 바쁜 엄마들을 위해, 아꼬몽이 봤던 영어 DVD 목록을 중간부록(111~181쪽)에 실었으니 참고해도 좋다.

다섯째, 미리미리 영어DVD 구입해두기. 처음에는 내 아이 수준에 맞는, 내 아이가 좋아할 만한 DVD를 찾는 일이 쉽지 않다. 그래서 영어 DVD를 미리미리 구입해두지 않으면 보여줄 게 없어서 한글TV를 틀게 된다. 내가 그랬다. 일하며 한창 정신없이 바쁠 때, 힘들어서 TV를 보여주고 쉬어야 하는데 보여줄 영어DVD가 준비되어 있지 않았다. 하는 수 없이 한글TV를 보여줬다. 그 후로는 평소에 미리미리 구입해두고 있다. 시간이 지나면 요령이 생겨 영어DVD를 찾고 선택하는 것도 수월해진다. 단, 엄마가 마음에 든다고 무조건 구입하지 말고 유튜브 등을 활용해서 아이에게 샘플 영상을 보여준 뒤, 흥미를 보이면 그때 구입하자.

이중언어 환경을 위해 영어DVD를 보여주겠다고 마음먹었다면 영어책도 꾸준히 읽어주어야 한다. 힘들다는 이유로 영어책 읽어주기는 아주 가끔 진행하고 영어TV는 열심히 보여준 친구가 있었다. 시간이 지나도 효과가 나오지 않자 친구는 엄마표 영어를 포기했다. 우리말을 예로 들어보면 이해가 쉽다. 단순히 TV를 많이 본 아이가 말이 빠를까? 그렇지 않다. 책을 읽어주거나, 부모가 말을 걸어주는 상호작용없이 일방통행으로 말하는 TV를 많이 본다고 해서 말을 빨리할 수는 없다.

핀란드 역시 영어TV만 노출하지 않는다. 핀란드 가정에서는 특별한 학습 지도를 하지는 않지만 아이와 부모 모두 책을 가까이 하고, 아이가 잠들기 전 부모가 책을 읽어준다. 또한 아이들은 책을 읽고 부모와 끊임없이 대화한다. 결국 영어동화책을 꾸준히 읽은 아이들에게 플러스 알파가 되는 것이 영어DVD인 것이다.

어차피 매일 보는 한글TV, 오늘부터 조금씩 영어TV로 바꾸어보면 어떨까? 최종 목적지는 영어로만 TV를 보게 될 그날에 두고 말이다. 언젠가 자막 없는 영어TV를 보고 깔깔깔 웃는 자신을 보는 아이도, 그 모습을 보는 엄마도 자존감이 쑥쑥 올라가는 행복한 덤까지 만나게 될 것이다.

DVD 플레이어

인비오 IPC-7080 : 쌍둥이 두 살에 처음 구입
인비오 PD-8400 : 쌍둥이 다섯 살에 구입
인비오 PD-9100HD : 쌍둥이 여덟 살에 구입

- 가격이 저렴하고, 사용방법이 간단하다.
- 정해진 만큼 영상을 보여줄 수 있다는 장점으로 주로 사용한다.

〈주의〉 사용해보니, 평균 3년 사용 후 고장이 났고, 고장 시 약간의 수리비가 발생했다. (구입한 박스는 AS 시 필요하다)

유튜브

처음에는 주로 영어DVD 구입 전 샘플 영상 보여주기로, 지금은 시리즈물 볼 때 가끔 활용하고 있다

- 무료이고, 볼거리가 굉장히 많다.
- 1만원 정도의 유료멤버십에 가입하면 광고 없이 볼 수 있다.
※ 무료로 한 달 동안 체험해볼 수 있다.

〈주의〉 유튜브는 스마트폰과 함께 양날의 검이 될 수 있다. 처음에는 엄마표 영어를 위해 노출하지만, 자칫 아이가 무제한으로 영상을 볼 수도 있다. 조금 번거롭지만, 아이들에게 보여줄 영상을 '내채널 재생목록'에 넣어두고 관리하면서 보여주자.

IPTV(BTV, olleh KT, 유플러스)

아꼬네 IPTV는 브로드밴드 BTV

• 인터넷, 집전화, 핸드폰, TV를 결합해 사용하면 가격이 저렴하다.
• 사용방법이 편리하다.

〈주의〉 수시로 콘텐츠가 사라지고 생성되니 가끔 확인할 필요가 있다.

넷플릭스

최근 무료 체험으로 활용해보았다 (한 달 동안 무료 체험 가능)

• 월 9,500원으로 이용 가능하다.
• 뽀로로, 타요, 로보카 폴리, 슈퍼윙스, 옥토넛, 파자마 삼총사, 페파피그, 벤과 홀리의 리틀킹덤, 마이리틀 포니, 형사 가제트 등 볼거리가 아주 풍부하다. 언어 설정만 영어로 바꾸면 되니 편리하다.
• 의도치 않은 광고나 유해 콘텐츠에 노출되지 않는다.

〈주의〉 볼거리가 많다고 그냥 보여주지 말자. 내 아이의 나이나 수준에 맞는 콘텐츠를 선택해서 보여주는 노력이 필요하다.

영어보다 중요한
모국어

쌍둥이 10개월쯤, 엄마표 영어를 무작정 시작했을 때 어떻게 해야 하는지 방향을 잡는 것이 참 어려웠다. 그때만 해도 조기영어교육에 대한 성공사례가 많지 않았고, 초보 엄마다 보니 정보를 찾는 것도 서툴렀다. 인터넷을 찾아 영어그림책을 사서 읽어주고 부록으로 들어 있던 CD를 틀어줄 뿐이었다. 방향을 모르고 가니 깜깜한 터널을 걸어가는 느낌이었다. 엄마표 영어에 비하면 오히려 책 좋아하는 아이 만들기는 정말 쉽다는 생각까지 들었다. 그만큼 나에게 엄마표 영어는 미지의 세계 그 자체였다.

막막한 마음에 육아와 영어교육 관련 책을 조금씩 찾아 읽기 시작했다. 그러다가 '이중 언어 교육'에 대한 책을 한 권 읽게 되었다. 그 책에는 이중 언어 교육에 대한 좋은 점도 언급되어 있었지만, 이상하게도 나는 부정적인 점에 자꾸 눈길이 갔다. 한창 모국어를 익혀야 하는 시기에 영어라는 외국어 때문에 자칫 모국어 발달이 느려질 수 있다는 내용이었다. 아무리 좋은 것이라도 아이들에게 부작용이 있을 수 있다면, 선택하면 안 된다고 생각했다. 어쩌면 엄마표 영어 진행에 어려움을 겪고 있던 차에 핑계거리가 생긴 건지도 모른다. 그렇게 나는 긴 고민 끝에 엄마표 영어를 내려놓았다.

이중 언어 교육의 부작용을 해결하는 방법

생각해보면 그때의 나는 이중 언어 구사자에 대한 환상을 갖고 있었다. 어려서부터 교육을 받으면 영어도 우리말과 똑같이 구사할 수 있다는 말을 어디선가 듣고 믿었다. 물론 이제는 안다. 우리나라에 살면서 영어를 모국어와 동등하게 구사하는 것은 쉬운 일이 아니라는 것을. 모국어인 한국어와 영어의 격차는 아이가 자랄수록 커진다. 우리가 사는 이곳이 대한민국이기 때문이다. 혹여 엄마나 아빠가 집에서 영어만 사용한다고 해도 아이는 밖에 나가면 온통 한국어를 듣는다. 아이가 영어를 듣는 양은 한국어를 듣는 양과 비교하면 턱없이 적다. 한국어가 우세한 것은 당연한 일이다.

이 부분을 인정하고 엄마표 영어를 시작하면 마음이 한결 편안해진다. 우리 아이는 왜 영어로 말을 못하는지, 왜 자꾸만 한글동화책만 읽으려고 하는 것인지 그 이유를 알 수 있기 때문이다.

사람은 누구나 언어 습득 능력을 갖고 태어난다. 그래서 어느 나라 사람인지 보다 어디에서 자랐는지에 따라 모국어가 달라진다. 아이들의 언어 습득 주목적은 의사소통에 있다. 부모를 시작으로 다른 사람과 의사소통을 하는 것이다. 발음이 서툴러도 정확한 문장을 구사하지 못해도 스트레스를 받지 않는다. 충분한 시간 동안 아이는 천천히 모국어를 습득해나갈 뿐이다. 그러니 지금 당장 의사소통을 할 필요가 없는 영어는 아이에게 중요하지 않은 것이다. 영어로 말할 필요가 없으니 말하지 않는 것이고, 이해도가 높은 한글책이 더 재미있으니 영어책 보다 한글책을 읽는 것이다.

어느 덧 엄마표 영어도 10년차. 초보 엄마를 멈추게 했던 이중 언어 교육의 부작용을 지금에 와서 다시 생각해보면 해결방법이 간단하다. 바로 과유불급. 영어교육을 과하게 하지만 않으면 된다. 영어교육을 과하게 하는 이유는 결과를 빨리 보려는 급한 마음에서 온다. 그러니 마음을 편하게 먹고 아이와 재미나게 천천히 진행하면 된다.

영어교육은 하루라도 빨리 진행하면 효과가 좋으니 빨리 시작은 하되, 천천히 진행하는 것이다. 예를 들어 하루에 영어그림책을 다섯 권 정도 읽어주고, 영어동요나 책에 달려 있는 CD를 한 시간 정도 틀어둔다. 그리고 TV를 볼 나이가 되면 영어DVD를 보여주는 것이다. 이렇게 조금씩 진행하면 모국어 형성과 아이의 발달에 문제될 일이 없다.

생각의 근원은 모국어

아이가 어리면 어릴수록 영어를 스펀지처럼 받아들인다. 그렇다고 급한 마음에 영어에만 집중하면 안 된다. 아이의 유년기는 영어를 스펀지처럼 받아들이는 시기인 동시에 모국어도 탄탄하게 다져야 하는 시기이기 때문이다. 영어라는 날개를 달고 우리 아이들이 훨훨 날아가려면 모국어가 든든하게 뒷받침이 되어야 한다. 영어는 나의 생각과 의견을 다른 사람에게 전달하는 하나의 도구라는 것을 잊어서는 안 된다.

아이가 어릴 때는 영어를 원어민처럼 유창하게 발음하고, 영어 문장 몇 개만 말해도 굉장히 잘하는 것처럼 느껴진다. 이렇게 아이가 보여주는 아웃풋은 자칫 엄마로 하여금 모국어를 등한시하고 영어에만 집중하게 할 수 있다. 하지만 그럴수록 우리는 모국어를 튼튼하게 잡아주어야 한다.

하버드 대학에 입학하면서 음악이 아닌 철학을 선택해 우리를 놀라게 했던 세계적인 첼리스트 장한나. 다음은 그녀가 신문에 연재한 '내가 경험한 하버드'라는 칼럼 내용의 일부다.

하버드는 우선 학생을 뽑을 때부터 학생이 어떤 관심 분야를 지니고 있는지를 무엇보다 중요하게 여긴다. 원서를 제출할 때 인생관을 바꾼 사건이나 경험에 대한 에세이를 제출해야 하고, 내가 가장 많이 읽는 신문과 잡지, 나의 별명, 나를 가장 짜증나게 하는 것 등 지원자의 성격을 파악할 수 있는 다양한 질문들에 답해야 한다.

만약 아이가 하버드 입학을 원한다면 자신의 인생관을 바꾼 사건이나 경험에 대한 에세이를 제출해야 한다. 이 과제를 수행하기 위해 우리 아이들은 무엇을 해야 할까? 우선 자신의 인생관이 무엇인지 생각한 후, 인생관을 바꾼 사건이나 경험을 떠올려야 한다. 그 다음 사건이나 경험이 어떻게 인생관을 바뀌게 되었는지 설명해야 한다. 끝으로 전체적인 내용이 개성 있는 경험과 이야기라면, 그래서 재미와 감동까지 있다면 더할 나위 없이 좋은 에세이가 될 것이다.

단순히 영어만 잘하면 이 에세이를 작성할 수 있을까? 결국 아이는 에세이를 쓰기 위해 자신이 갖고 있는 경험과 배경지식을 총동원하여 생각이라는 것을 해야 한다. 그렇게 모국어로 생각하고 쓸거리를 정리한 후, 영어라는 도구를 사용해 하버드 시험관들이 이해할 수 있도록 에세이를 영어로 바꾸는 작업을 하는 것이다. 그 뿐만이 아니다. 하버드에서는 소규모 강의일수록 시험 대신 질문과 토론, 논문 작성을 끊임없이 요구한다고 그녀는 말했다.

결국, 영어라는 도구를 잘 다루기 이전에 아이의 생각하는 힘을 키워야 한다. 생각은 본래 모국어로 하기 마련이다. 그러니 생각하는 힘을 키우기 위해서는 모국어부터 잘해야 한다. 한글책을 많이 읽어 어휘량을 늘리고 배경지식을 쌓아나가야 한다. 추가적으로 부모와 대화를 나누는 것과 글쓰기도 생각의 힘을 키우는데 좋은 영향을 준다.

영어에 너무 집중하는 바람에 한국어를 등한시하고 있다면, 한국어에 대한 비중을 높여야 한다. 엄마표 영어를 시작해야 할지 말지, 언제 어떻게 시작해야 할지 몰라 머뭇거린다면 우선 한글책을 많이 읽어주는 것이 좋다. 한글책을 좋아하는 아이들은 영어를 습득하고 나면 영어책도 즐겁게 읽어낸다. 이 아이들에게 중요한 것은 한글책이냐 영어책이냐가 아니라 책 그 자체이니까.

최종 목적지는
아이 스스로 즐기는 영어

영어로부터 자유로운 아이가 되기를 바라는 마음으로 엄마표 영어를 시작했다. 처음 가는 길이었고, 주위에 성공한 사람도 없었다. 몇 년을 함께하던 친구는 도중에 포기했다. 홀로 외로이 물어물어 길을 가는 사람처럼 책과 인터넷에서 정보를 찾으며 한걸음 한걸음 걸어갔다.

그러던 어느 날, 궁금해졌다. 엄마표 영어의 끝은 어디일까. 젖병을 떼는 것도, 기저귀를 떼는 것도, 한글을 떼는 것도 모두 끝이 있었는데 영어교육만은 유독 끝이 나지 않았다. 과연 끝이 있기는 한 걸까.

그동안 엄마표 영어를 진행해본 결과, 열심히 책을 읽어주고 영어 DVD도 꼬박꼬박 챙겨서 보여주면 아이들의 영어실력은 눈에 띄게 좋아졌다. 그러나 내가 바쁘거나 다른 부분에 신경 쓰느라 영어가 뒷전이 되면 아이들의 영어실력은 어김없이 후퇴했다. 곰곰이 생각해보니 이것은 우리만의 문제가 아니었다. 미국으로 이민 간 우리나라 사람이 세월이 흘러 모국어를 잊어버렸다는 이야기는 흔히 듣는 이야기가 아니던가. 다행인 것은 모조리 잊어버리지 않을 뿐더러 노력하면 다시 잘할 수 있다는 것이다.

잘 하려면 오래해야 하고, 오래하려면 즐겨야 한다

논어에 "知之者不如好之者, 好之者不如樂之者(지지자불여호지자, 호지자불여락지자)" 라는 말이 나온다. 아는 사람은 좋아하는 사람만 못하고, 좋아하는 사람은 즐기는 사람만 못하다는 의미다. 공자는 왜 즐기는 사람에게 가장 큰 점수를 준 것일까.

요리하는 것이 즐거운 사람은 요리를 자주 한다. 즐겁게 자주 하다 보면 요리를 잘하게 된다. 춤추는 것이 즐거운 사람은 춤을 자주 춘다. 즐겁게 자주 추다 보면 점점 더 춤을 잘 추게 된다. 수천 년 전에 살았던 공자는 이 사실을 이미 알고 있었던 것이다. 무엇이든 잘하기 위해서는 오래해야 하는데, 즐기는 사람만이 오래 지속할 수 있다는 것을 말이다.

결국 아이들이 영어라는 언어를 오랫동안 지속하기 위해 필요한 것은 즐거움, 바로 재미다. 스스로 영어의 재미에 빠져 즐기는 아이라면 좋겠지만 아니어도 괜찮다. 영어가 재미있는 놀이가 될 때까지만, 딱 거기까지만 엄마가 데려다주면 된다. 그러면 그 이후에는 아이 스스로 영어를 즐기며 지속하게 될 테니까.

《영어책 한 권 외워봤니?》라는 책으로 베스트셀러 작가가 된 김민식 PD는 이렇게 말했다.

제겐 영어가 놀이였어요. 미국 시트콤을 즐기고, 소설을 읽는 능동적 여가 말이죠. 다만 그걸 즐겁게 하기 위해서는 처음에 회화교재를 외우는 과정이 필요합니다. 복잡한 활동은 시동을 걸기는 어렵지만, 그 단계만 잘 넘기면 일과 놀이의 경계가 사라지는 아주 행복한 경지에 이르게 됩니다.

여기서 김민식 PD가 말하는 처음에 회화교재를 외우는 과정이 바로 엄마가 아이와 함께해야 하는 부분이다. 아이가 자기 수준 또는 그보다 조금 낮은 수준의 영어책과 영어DVD를 이해할 수 있는 바로 그 곳까지만 엄마가 데려다주면 된다. 그 이후에는 아이가 좋아하는 분야나 장르의 책과 DVD를 찾아주기만 하면 되는 것이다. 물론 아이가 아직 영어를 떼지 못해 스스로 읽을 수 없다면 전자펜과 오디오CD를 활용하면 된다.

열 살이 된 쌍둥이가 영어를 즐기는 방법은 김민식 PD와 비슷하다. 재미난 영어DVD나 어린이 영화 보는 것을 즐기는 아꼬몽은 극장에 가서 더빙을 본 적이 없다. 우리말 더빙보다 외국 배우들의 목소리가 휠씬 더 재미있다고 한다. 집에서 영어DVD를 볼 때, 행여 영어 자막이 나오면 없애달라고 한다. 글씨가 화면을 가리기 때문이란다.

초등학생이 된 개구쟁이 쌍둥이는 현재 '호리드 헨리'(143쪽 참조)와 '캡틴 언더팬츠' 같은 코믹물을 좋아한다. 둘이서 배꼽을 잡고 웃기도 하고, 등장인물의 영어 대사를 흉내 내기도 한다. 둘이 상상놀이를 할 때면 시청했던 TV의 영어대사를 응용하여 주거니 받거니 영어로 대화한다. 아직 깊이 있는 내용이나 영어표현을 모르는 부분은 우리말로 이야기하지만 영어와 우리말을 혼용해서 사용하지는 않는다. 영어 문장으로 말하다가 우리말 문장으로 말한다. 그렇게 아이들은 필요에 따라 두 언어를 자유롭게 넘나들고 있다.

영어책도 쌍둥이는 재미로 읽는다. 재미없는 책은 한두 번 보면 더이상 읽지 않는다. 그러다 자신들의 취향에 딱 맞는 책을 만나면 한 시간 동안 집중듣기를 하기도 하고, 너무 재미있다며 내게 와서는 내용을 이야기해주기도 한다. 아직 영어떼기가 완성되지 않았지만 쌍둥이는 이미 영어를 즐기고 있다. 조금 느리지만 지금처럼 꾸준히 진행하면 영어를 떼고 CD 없는 영어책을 스스로 즐기며 읽게 될 것이다.
어느새 엄마인 나는 할 일이 없어져버렸다. 영어책을 읽어주지도, 함께 영어TV를 시청하지도 않는다. 그저 아이들이 좋아할 만한 책과 DVD를 찾아줄 뿐이다.

목표는 낮게 기간은 넉넉하게, 그러나 꾸준히

이렇게 영어를 즐기는 단계까지 아이를 데려다주려면 엄마에게 필요한 것이 있다. 바로 느긋한 마음가짐과 꾸준함이다. 엄마가 느긋하지 못하면 아이가 영어를 즐길 수 없고, 꾸준히 끌어주지 않으면 아이의 영어실력이 늘지 못하기 때문이다.

육아하면서 첫 실패를 경험한 것은 아이들의 기저귀 떼기였다. 갖고 있던 육아책에서도, 친정엄마도 돌이 지나면 기저귀를 뗄 수 있다고 했다. 쌍둥이 육아로 지쳐가던 나에게 매력적인 이야기였다. 또 '기저귀 값만 줄여도 얼마인가' 하는 생각에 아이들 돌을 목표로 기저귀 떼기에 돌입했다. 하지만 목표는 높게, 기간은 짧게 잡았던 배변훈련은 그 목표를 달성하지 못했다. 결국 쌍둥이는 두 돌이 지나 세 살 여름에 기저귀를 뗐다. 돌쯤 시작한 기저귀 떼기를 두 돌이 한참 지날 때까지 그것도 두 아이를 진행했으니 몸고생 마음고생이 꽤 컸다.

하지만 이런 실패들을 통해 나만의 육아철학이 생겼으니 역시 실패는 성공의 어머니가 맞나 보다. 실패를 통해 급하게 먹는 밥이 체한다는 것을 몸소 깨닫게 되었다. 그래서 그 이후로는 어떤 것이든 목표는 낮게 기간은 넉넉하게 잡고, 꾸준히 묵묵히 걸어가게 되었다.

보통 기간을 1년 정도로 잡는다. 한글떼기도 그랬고 영어떼기도 그렇게 하고 있다. 한글떼기는 목표한 1년보다 빨리 성공한 덕분에 쌍둥이도 나도 자존감이 쑥쑥 올라갔다. 기간을 넉넉하게 잡으면 이런 덤도 기다리고 있다. 혹여 기간이 다 되어가는데도 목표를 달성할 기미가 보이지 않는다면 그때는 기간을 1년 더 연장하면 된다. 쌍둥이의 영어떼기를 그렇게 하고 있다. 당초 초등학교 2학년이 목표였는데, 3학년으로 연장했다.

급할 게 없다. 포기만 하지 않으면 성공할 수 있다는 것을 나는 경험으로 알게 되었다. 이렇게 목표는 낮게 기간은 넉넉하게 잡으면 마음에 여유가 생긴다. 엄마에 마음에 여유가 있으니 아이는 그저 천천히 즐기기만 하면 된다.

어쩌면 엄마표 영어는 육아에서 가장 긴 마라톤이다. 초반에 너무 빨리 달리면 지쳐서 끝까지 갈 수 없고, 그렇다고 또 너무 느리면 뒤처져 포기하게 된다.

긴 마라톤을 완주하기 위해서는 적절한 페이스 조절이 필요하다. 아이가 영어를 즐길 수 있도록, 그래서 결국 영어를 떼고 스스로 책을 읽고 자유롭게 영어TV를 볼 때까지 페이스를 잘 조절해야 한다. 급한 마음에 유명한 전집을 잔뜩 구입한다든가, 아이의 반응이 좋다고 과하게 읽어주면 엄마도 아이도 금방 지쳐버리기 십상이다. 그렇다고 또 너무 띄엄띄엄, 조금씩 진행하면 영어를 익히지 못해 '우리 아이는 안 되는가 보다' 실망하고 포기하게 된다. 그래서 무리가 되지 않는 선에서 엄마와 아이에게 맞는 방법을 찾아 꾸준히 진행해야 하는 것이다.

누군가가 성공했다는 멋진 비법보다 내 아이와 나만의 속도를 찾아야 한다. 옆집 아이는 하루 한 시간씩 영어책을 본다는데… 또 어떤 아이는 3개월 만에 영어로 말을 했다는데… 부러워할 것 없다.

영어는 결국 아이가 스스로 즐기지 못하면 계속할 수가 없다. 당장은 어리니 엄마를 따르지만 아무리 열심히 끌고 가도, 아무리 빨리 가도 결국 아이가 즐기지 못하면 한계에 부딪치고 만다. 그러니 눈가리개로 다른 말이 뛰는 것을 보지 못하게 한 경주마처럼 앞만 보며 가야 한다. 다른 집의 결과를 보고 내 아이와 비교하는 것이 아니라 그 집의 방법을 참고하면서 우리 집에 맞게 변형하면서 가면 된다. 그렇게 묵묵히 시간을 보내다 보면 어느 날 문득, 영어TV와 책을 읽으며 깔깔깔 웃고 있는 내 아이를 만나게 될 것이다.

만일 내가 다시 엄마표 영어를 진행한다면

아꼬몽 세 살 여름쯤, 본격적으로 '엄마표 영어'를 시작했다. 영어동화책을 읽어주고, 영어로 조금 말을 걸고, 영어 DVD를 보여주고, 영어동요를 불러주었다. 어려서부터 책 읽어주기와 말 걸어주기, 한글동요 부르기를 꾸준히 한 덕에 쌍둥이의 언어감은 좋았다. 그래서 영어도 빨리 올라탔다. 결국 왕초보 엄마는 흥분하고 말았다. 어쩌면 국어, 영어, 한문을 지독히도 싫어하고 못했던 공대 출신 엄마의 한 때문이었는지도 모른다.

홍분한 초보 엄마는 계획을 세우기 시작했다. 영어 다음은 중국어, 중국어 다음은 스페인어, 프랑스어. 그럼 5개 국어~! 이 얼마나 매력적인가. 내가 과하게 행동할 때마다 차분하게 만들어주던 애들 아빠도 이번에는 달랐다. "중국은 앞으로 미국을 대신할 정도로 커질 테니 중국어 해두면 좋지" "스페인어는 사용하는 나라가 많아" 라고 말하며 은근 기대하는 눈치였다.

그렇게 영어처럼만 하면 된다는 말에, 앞으로의 세상에서는 다개 국어를 해야 한다는 말에 '엄마표 중국어'를 시작했다. 어떻게 되었을까? 맞다. 안 그래도 정신없는 육아가 더 정신없어졌다. 나는 한자를 잘 모른다. 학창시절 한문은 국어와 영어보다 더 싫어했던 과목이다. 고등학교 시절 제2외국어도 독일어를 배웠다. 그런 나에게 중국어는 암호를 해독해야 하는 외계어(?!)에 가까웠다.

엄마표 중국어를 해보겠다고 인터넷 카페에 가입하고, 중국어 인터넷서점을 검색하면서 중국어 책과 DVD를 열심히 사서 모았다. 한글책 열심히 읽어주다가 엄마표 영어 한다고 한글책 등한시하고, 영어에만 몰두하다가 엄마표 중국어 한다고 영어와 한글을 등한시했다. (다행히도 언어는 달랐지만, 이 모든 과정에 책이라는 존재가 늘 함께했음에 감사한다)

세월이 흘러 되돌아보니 내가 멀티 플레이어를 꿈꾸었나 보다. 이 많은 걸 쌍둥이 육아 하면서 어떻게 다 할 수 있었을까. 지금은 그저 웃음이 난다.

결론부터 말하면, 중국어는 2년 반 정도 지지부진하게 진행했다. 투자한 시간과 돈이 아까웠고, 조금이지만 아이들의 반응이 아쉬워 포기 못하고 가져가다가, 아꼬몽 여섯 살 때 큰 맘 먹고 안녕했다. 막상 끝내고 나니 그렇게 홀가분할 수가 없었다.

그래도 영어는 중학교와 고등학교 교육으로 짧게는 6년, 길게는 대학교 4년까지 해서 10년은 배웠다. 뜻은 몰라도 대충 읽을 줄 알고, 모르는 단어 나오면 사전 찾을 줄은 안다. 하지만 중국어는? 읽을 줄 모른다. 사전도 찾을 줄 모른다. 나는 그냥 중국어 동화책 밑에 한글로 살짝 써놓고 읽어주었다. 아이들 잘 때, 열심히 인터넷 보고 전자펜으로 듣고 공부해서 다음날 읽어주었다. 고된 날들의 연속이었다. 나처럼 중국어를 배워본 적이 없는 엄마라면 '엄마표 중국어' 권하고 싶지 않다. 그 시간과 돈, 열정을 그냥 영어에만 올인하라고 말해주고 싶다.

내가 만약 다시 엄마표 영어를 진행한다면 '영어'만 꾸준히 진행할 거다. 중국어 대신 한자를 꾸준히 알려줄 것이다. 아꼬몽 여덟 살이 되어 영어떼기를 진행하면서 '중국어 그만두길 얼마나 잘 했는가' 다시 한 번 생각했다. 영어떼기 완성하려면 쉽고 만만한 책이 많이 필요하다. 하지만 필요하다고 그 많은 책을 다 살 수 없어서 한동안 도서관에 열심히 다녔다. 영어동화책이 좀 많은 도서관을 만나면 그렇게 고마울 수가 없었다. 그런데 여기에 중국어까지 진행했다면? 중국어책은 어디서 구할 수 있었을까? 또 오디오CD는? 생각만 해도 아찔하다.

참 부끄럽고 실패한 이야기라, 혼자 마음속에 묻어두고 살려고 했다. (그래서 성공한 사람은 자랑하고 실패한 사람은 침묵하는 거겠지) 그런데 아꼬몽 영어떼기를 진행하면서 이런저런 생각이 들었다. 아이를 잘 키워보고 싶은데 우리 사회에는 덫(?!)이 참 많구나. 무책임한 정보들이 힘겹게 엄마표 영어를 시작한 엄마들을 현혹한다.

"앞으로 중국어는 필수야. 스페인어는 얼마나 매력적인데. 프랑스어는? 다 영어처럼만 하면 되는 거야."

물론 아꼬몽이 중국어를 했던 시간들은 모두 머릿속에 마음속에 남아 언젠가 아이들이 스스로 중국어를 배우고자 한다면 그때 발휘될 거라는 믿음은 있다. (제발 있어주기를 간절히 바래본다)

육아와 가사, 책 좋아하는 아이, 엄마표 영어까지 우리 엄마들의 어깨가 너무 무겁다. 주변의 과한 교육열과 달콤한 유혹으로부터 엄마인 나 자신을, 그리고 우리 가정을 지켜내야 한다. 어차피 인생은 선택의 연속이다. '내 아이를 어떻게 키울 것인가' 하는 문제에서도 부모의 고민과 선택이 반복된다. 내 경험담을 이야기하면 조금 덜 고생하는 엄마가 있을까, 누군가는 또 이런 과한 교육(?!)열로 힘들어하고 있지 않을까 하는 생각에 공유해본다.

영어책과 DVD 구입에도 '우리 집 만의 철학'이 필요하다

엄마표 영어에서 '원서가 가장 좋다' '전집이 더 좋다' 라고 말하기는 어렵다. 어떤 아이는 원서를 좋아할 수도 있고, 어떤 아이는 전집을 좋아할 수도 있다. 아이마다 좋아하는 음식과 놀이가 다르듯이 좋아하는 책도, 노래도, 학습방법도 모두 다르다. 그러니 부모는 다양한 방법을 시도하면서 내 아이에게 맞는, 무엇보다 효과적인 교육법을 찾아야한다. 그래야 엄마도 아이도 덜 고생한다.

육아는 내 아이가 정답이다. 집집마다 처한 상황에 맞게, 아이와 엄마 아빠의 성향에 맞게 '우리 집 만의 육아철학'을 만들어야 한다. 그것이 가장 좋은 육아다. 마찬가지로 영어책과 DVD 구입에도 철학이 필요하다. 옆집 아이가 아무리 좋아하는 DVD라도 내 아이는 안 볼 수있고, 많은 아이가 좋아하는 영어책이라도 내 아이는 싫어할 수 있다.

많은 이웃들이 블로그와 SNS를 통해 궁금해하던 '아꼬네 영어책 목록과 영어DVD 목록'을 중간부록(111~181쪽)에 담았으니, 참고하여 '우리 집 만의 구입(?!) 철학'을 만들어보길 바래본다.

우리나라에서 만든 영어 전집의 장점

아꼬몽은 주로 우리나라에서 만든 영어 전집으로 엄마표 영어를 진행했다. 처음에는 원서라는 것을 잘 몰라서였고, 시간이 흘러서는 단행본보다 전집으로 구입하는 것이 워킹맘인 나에게 편했기 때문이다. 이 책을 살지 저 책을 살지 고민할 시간이 부족했다. 한 번에 20권, 50권씩 세트로 묶여있는 전집이 편했다. 책마다 CD를 찾아 틀어줄 체력도 부족했다. 전자펜이 되는 전집 하나 구입해두면 한동안 책을 읽어주어야 한다는 부담감도 사라졌다. 우리나라에서 만든 영어 전집은 중고서점에 물건이 많거나, 찾는 사람이 별로 없어서 중고시세가 낮게 형성되어 있다. 그렇게 시간과 돈, 체력이 부족했던 나에게 우리나라에서 만든 영어 전집은 든든한 동반자가 되어주었다.

여섯 살 즈음에 아꼬몽은 스토리에 눈을 떴다. 더 이상 단순한 생활영어나 챈트를 반복하지 않는 순간이 찾아온 것이다. 자연스럽게 리더스북, 챕터북으로 이동했다. 리더스북, 챕터북은 대부분이 원서인데, 우리나라에서 만든 영어 전집으로 엄마표 영어를 진행한 아꼬몽은 원서를 읽으면서 힘들어하지 않았다. 그저 재미있는 책이면 오늘도 신나게 읽을 뿐이었다.

다행히 리더스북이나 챕터북은 페이퍼북으로 제작되어 영어그림책보다 저렴할 뿐 아니라, 최근에는 온라인을 통해 해외구매 대행 등 다양한 방법으로 저렴하게 구입할 수 있다. 배송이 한 달까지도 걸린다는 단점이 있지만, 음원을 포함한 책을 저렴하게 구입할 수 있으니 친구 엄마 말처럼 "엄마표 영어 안 하면 손해인 세상"이 된 것 같다.

● 전자펜 사용 시 주의사항

엄마나 아빠의 목소리로 책을 읽어주는 것은 굉장히 중요하다. 아이와 교감할 수 있는 소중한 시간이며, 책을 매개로 대화를 할 수 있기 때문이다. 그래서 책과 처음 친해지는 단계에서 책을 좋아하는 아이로 만들기 위해서는 나이에 상관없이 부모가 직접 재미나게 읽어주는 것이 좋다. 그렇게 천천히, 조금씩, 꾸준히 읽어주다 보면 이야기가 궁금해서, 영어책의 노래가 재미있어서 전자펜을 주어도 아이 혼자 잘 보는 순간이 온다.

쌍둥이가 책을 좋아하는 아이로 자라고 난 후에, 전자펜으로 책을 읽을 수 있게 도와주었다. 대신에 아이들과 대화를 충분히 나누려 노력했다. 퇴근 후 아이들이 하루 중에 있었던 일을 이야기할 때 귀 기울여 들어주었고, 궁금했던 점들을 물어보면 즐겁게 이야기해주었다. 밤이 되면 한 권이라도 엄마 아빠의 목소리로 책을 읽어주었고, 그도 어려울 때는 불을 끄고 누워 아빠의 어린 시절 이야기를 들려주었다.

영어 전집 및 DVD 구입 요령

● 깨끗하지만 저렴한 중고 구입하기

우리나라 출판사에서 제작한 전집은 중고로 굉장히 저렴한 가격에 구입할 수 있다. 원서와 다른 최고의 장점이다. (원서도 중고가 있기는 하지만 그 양이 많지 않다) 경제적으로 여유가 있는 엄마는 새 전집을, 부담스러운 엄마는 중고 전집을 선택하면 된다.

중고 전집을 선택할 때, 한두 권 빠진 구성을 선택하면 더욱 저렴하게 구입할 수 있다. 나도 처음에는 전체 구성이 모두 있는 책을 선호했는데, 아이는 책이 한두 권 빠져 있어도 신경 쓰지 않았고, 활동지 등의 부록은 꺼내보지도 않았다. 어느 순간부터는 가장 중요한 책! 책에만 집중해서 저렴하게 구입했다.

많은 거래가 이루어지고 있는 '중고나라'는 저렴하지만 판매자에 대한 신뢰 문제가 있다. 그래서 나는 마음에 드는 책이나 DVD를 발견할 때면, 판매자의 이력을 꼼꼼히 확인한 후에 구입했다.

최근에는 중고나라와 비슷한 '당근마켓'도 생겼다. 중고나라와 달리 내가 살고 있는 동네를 중심으로 검색이 가능하고 직거래로 이루어진다. 당근마켓에 올라오는 중고 영어DVD가 은근히 저렴하다.

중고나라도 당근마켓도 스마트폰에 앱을 설치하면 원하는 책이나 DVD 제목으로 알림을 설정할 수 있다. 알림이 뜨면 판매자 및 책과 DVD의 상태를 보고 구입하면 된다.

개똥이네 (중고전문서점) www.littlemom.co.kr

중고나라 (네이버 카페) cafe.naver.com/joonggonara

당근마켓 (중고 직거래 벼룩장터) www.daangn.com

알라딘 온라인 중고샵 (인터넷 대형서점)
www.aladin.co.kr

YES24 온라인 중고샵 (인터넷 대형서점)
www.yes24.com

※ 원서 중고는 알라딘, YES24 등 온라인 대형서점 중고샵을 활용해보자.

● 중고가 없다면 새 상품 구입하기

1. 카페공구: 네이버 카페 몇 곳을 즐겨찾기 해두고 공구가 뜨면 구입하곤 했다. 하지만 몇 세트 한정, 초특가공구 등 자극적인 글로 충동구매를 종종 하게 되어 아이들 일곱 살부터는 자제하도록 노력했다. 하지만 엄마표 영어에서 인기 있는 책이나 DVD를 저렴하게 진행할 때도 많기에, 카페 공구를 활용한다면 필요한 것만 딱 사고 나오도록 하

자. 엄마의 시간과 체력은 소중하니까.

　2. **영어 원서 전문 인터넷서점:** 영어 전집을 졸업하고 리더스북, 챕터북 등 영어 원서를 구입하기 시작하면서 활용하고 있다. 소소하지만 책에 대한 실구매자들의 후기도 읽어볼 수 있다. 또 연령별, 분야별로 분류가 되어 있어 다양한 종류의 영어 원서를 구경하고, 최근 인기 리스트도 살펴볼 수 있다. 사이트마다 종종 특가세일, 기획전 등을 진행하여 꽤 저렴하게 원서와 DVD를 구입할 수도 있다.

웬디북 www.wendybook.com	
동방북스 www.tongbangbooks.com	
쑥쑥몰 eshopmall.suksuk.co.kr	
하프프라이스북 www.halfpricebook.co.kr	
키즈북세종 www.kidsbooksejong.com	

● 인터넷 쇼핑

이제 더 이상 전집을 사지도 않고, 돌려볼 수 있는 DVD도 넉넉한 아꼬네는 인터넷 쇼핑을 활용한다. 우선 영어책은 인터넷에 올라온 책의 내용을 통해 아꼬몽의 취향과 수준에 적합한지를 살펴보고, DVD는 유튜브 등을 통해 샘플 영상을 아이들에게 보여준 후에 구입 목록을 결정한다. 구입하고자 하는 영어책이나 DVD를 인터넷(네이버 쇼핑, 쿠팡, 티몬 등) 및 인터넷 서점에서 검색한 후에 가장 저렴한 것을 찾아 구입하고 있다.

중간부록

아꼬네 영어책
&
영어DVD 목록

● 이 책에 수록된 전집은 책과 오디오CD 구성 및 전자펜 가능 여부만 확인했습니다. 자세한 구성은 출판사 홈페이지를 통해 확인해 주세요.

● 또한 각 전집과 DVD 소개 부분에 표기된 '추천연령'은 출판사 권장연령과 아꼬몽의 반응을 바탕으로 작성되었습니다. 아이의 영어 수준 및 아이가 좋아하는 분야와 이야기 구성에 따라 조금씩 다를 수 있습니다.

노래가 좋은 전집 BEST 8 :
흥겨운 멜로디가 귀에 쏙쏙! 아웃풋이 팡팡!

아이들은 리듬을 좋아한다. 그래서 어린이집이나 유치원에서는 아이들이 해야 할 일을 노래에 맞추어 부른다. 노래를 통해 아이들의 흥을 돋우어 해야 할 일을 즐겁게 할 수 있도록 도와주는 것이다. 엄마표 영어에서도 노래를 활용하면 노력 대비 높은 효과를 볼 수 있다.

내용을 재미나고 흥겨운 노래나 챈트로 불러주는 영어책 전집이 있는데, 아이들의 흥미를 끌기에 아주 좋다. 신나는 챈트와 노래를 반복해서 듣다 보면 어느새 아이는 책 한 권을 통으로 부르기 시작한다. 엄마는 아이가 호기심을 갖고 신나게 즐길 수 있도록 함께 즐기기만 하면 된다.
나는 아이들이 좋아할 만한 전집을 구입한 후, 노래에 맞추어 엉덩이춤을 추기도 했고 먼저 흥얼거리며 부르기도 했다. 한글동요와 영어책의 노래는 쌍둥이의 음악적 감각을 길러주었고, 언어발달도 도와주었다. 우리말도 빨리 시작했고, 유치원에 가서는 배우는 노래마다 박자를 잘 맞추고 잘 따라 부른다며 음악에 소질이 있다는 이야기도 들었다.

무엇보다 엄마로서 가장 만족스러운 점은 열 살이 된 아꼬몽이 영어책의 노래를 가끔이지만 지금까지도 흥얼거린다는 것이다. 이제 다른 아기 주자고 해도 안 된다고 하는 '노래가 좋은 영어 전집 BEST 8'을 소개해본다.

Sing Sing English
(씽씽 잉글리쉬)

★ 전자펜 ★   ★ 노래가 좋은 전집 ★

★ 구성 : 보드북 35권, 양장본 25권, 오디오CD, ★씽씽펜, 세이펜 가능★

★ 추천연령 : 1세 ~ 6세

아꼬몽에게 처음으로 전자펜이 되는 전집을 사주었다. 쌍둥이라 씽씽펜을 2개 구입해야 할까 고민하다가 경제적인 부담으로 하나만 구입했다. 세 살이 된 쌍둥이에게 씽씽펜에 대해 설명해주고, 차례를 지켜 한 명씩 사용할 수 있도록 규칙을 정했다. 전자펜을 하나밖에 못 사주는 엄마라 미안했는데, 오히려 아이들에게는 기다리는 법을 배우는 좋은 계기가 되었다. 특히 한 명이 펜을 찍고 책을 보고 있으면, 다른 아이도 자연스럽게 옆에서 듣고 보았다. 각자 1권씩 읽기를 약속해도 덤으로 듣는 것까지 총 2권을 듣게 되는 거다. 또 자신의 것이 아니라는 것에 늘 갈증이 있어 자기 차례가 오면 더 열심히 들었다.

씽씽 잉글리쉬는 노래면 노래, 챈트면 챈트 모두 다 아꼬몽이 좋아했다. 전자펜의 세계를 알게 해준 고마운 전집이다. 여섯 살까지 열심히 활용했고, 여덟 살에는 영어떼기에서 잠간 활용했다. 그 이후로는 더 이상 보지 않았다.

Talk Talk Playtime in English
(글뿌리 톡톡 플레이타임)
★ 전자펜 ★   ★ 노래가 좋은 전집 ★

★ 구성 : 양장본 43권, 오디오CD, ★톡톡펜, 세이펜 가능★

★ 추천연령 : 2세 ~ 7세

톡톡 플레이타임은 뮤지컬 음악을 배경으로 해서 리듬이 참 흥미롭다. 《Big Green Monster》를 시작으로 아꼬몽이 전권을 모두 재미나게 본 전집이다. 처음 우리 집에 도착하자마자 아이들은 한 권씩 꺼내어 찍어봤다. 노래도 이야기도 모두 재미있어서 흥 많은 세 살 아꼬몽은 한동안 이 전집에만 빠져 있었다. 그리고는 노래를 따라 부르기 시작했다. 다섯 살 남자아이가 있는 친구에게 빌려준 적이 있는데 영어로 말해본 적 없던 아이가 이 전집의 노래를 몇 번 듣더니 따라 부른다며 반가워했다. 그만큼 재미나고 중독성이 강한 음악이다.

엄마인 나도 지금까지 흥얼거리며 기억하는 노래가 있을 정도다. 내용이 단순하고 글의 양이 적어, 취학 전까지만 추천한다. 아꼬몽 6세까지는 꾸준히 반복했고, 그 이후로는 아주 가끔 꺼내어 봤던 전집이다.

웅진 영어책읽기 A세트

★ 전자펜 ★　★ 노래가 좋은 전집 ★

★ 구성 : 페이퍼북 43권, ★웅진펜 가능★

★ 추천연령 : 2세 ~ 초저

'씽씽 잉글리쉬' '톡톡 플레이타임'으로 노래가 좋은 전집의 효과를 톡톡히 본 후 추가로 구입한 전집이다. 웅진 영어책읽기는 원서로 구성이 되어 있다. 그래서 다양한 그림과 이야기를 접할 수 있는 기회가 되었다. 역시나 책의 전체 내용을 노래로 불러준다.

최고의 장점은 우리나라 전집과 달리 굉장히 자연스럽고 유명한 동요수준의 멜로디로 부른다는 것이다. 또한 물고기면 물고기, 호박이면 호박, 모든 그림에 펜을 찍으면 소리가 나온다. 그래서 세 살에도 열 살에도 늘 노래를 듣고 나면 그림도 하나하나 찍어본다.

다른 전집들과 달리 초등학생이 되어서도 가끔 꺼내보는 책으로, 호기심과 추억으로 꺼냈다가 결국 목청껏 노래를 부르고 마는 전집이다. 최근에도 우연히 꺼냈다가 일주일 동안 신나게 노래를 불렀다.

＊B세트도 있다. 나는 '사야지' 하다가 정신없이 살다가 잊어버렸다. A세트 반응이 좋다면 B세트도 구입하면 좋다. 특히 중고서점에서 저렴하게 구입할 수 있다는 장점이 있다.

My First Book
(동사모 마이퍼스트북)

★ 전자펜 ★
★ 노래가 좋은 전집 ★

★ 구성 : 페이퍼북 48권, 오디오CD, ★세이펜 가능★
★ 추천연령 : 2세 ~ 7세

한창 노래가 좋은 전집으로 효과를 본 쌍둥이를 위해 추가로 찾은 전집. 동사모 마이퍼스트북은 똑같은 책이 한글 버전으로도 있다. 그래서 쌍둥이북이라고 한다. 한글책과 같이 보면 효과가 좋을 수도 있지만, 이상하게도 아꼬몽은 내용을 이미 아는 책에는 흥미를 느끼지 못했다. 그래서 쌍둥이북으로 활용하지 않았다. 그냥 영어 버전만 충분히 읽었다.

페이퍼북이지만 겉표지가 단단하고, 총 50여 권의 구성으로 구입해두면 마음이 든든하다. 단순한 그림과 챈트로 아꼬몽이 좋아했던 전집이다. 챈트가 재미있어 아이가 스스로 책을 볼 수도 있으니 CD 버전 책보다는 세이펜 버전 책을 추천한다. 추가로 내용이 단순하니 7세 이하까지만 추천한다.

삼성출판사 노래로 영어시작

★ 구성 : 양장본 20권, 오디오CD

★ 추천연령 : 2세 ~ 7세

책의 내용이 한 페이지에 1~2줄밖에 안 돼서 아이들과 함께 부르기에도 엄마인 내가 읽어주기에도 부담이 없었다. 특히 《A Knight and A Princess》책을 굉장히 좋아했다. 아꼬몽은 그 긴 내용을 노래로 불렀고 초등학생이 되어서도 이 책 한 권만큼은 정말 좋아했다. 용에게 납치된 공주를 구하러 간 기사의 이야기지만, 우리가 늘 알고 있던 결말과 다르다. 기사는 엉뚱하고 약해서 용에게 당하고 결국, 용을 물리치는 건 공주다. 연약한 공주의 이미지가 아니라 씩씩하고 용감한 공주를 표현해주어 아이들 교육에도 도움이 되었다.

아쉽게도 절판되었지만, 중고서점에서 구입할 수 있다.

Sing Sing PHONICS

(씽씽 파닉스)

★ 전자펜 ★
★ 노래가 좋은 전집 ★
★ 영어책+DVD ★

★ 구성 : 보드북 20권, 양장본 30권, 오디오CD, DVD, ★씽씽펜, 세이펜 가능★

★ 추천연령 : 3세 ~ 7세

씽씽 잉글리쉬로 효과를 본 후 추가로 구입했다. 씽씽펜을 갖고 있어서 책만 중고로 저렴하게 구입했다. 아꼬몽에게 파닉스를 좀 노출해도 좋고, 아니어도 씽씽 잉글리쉬처럼 영어그림책으로 보면 된다 생각했다. 씽씽 잉글리쉬 정도는 아니었지만 아이들이 좋아했다. 씽씽 잉글리쉬와 달리 DVD 영상이 볼 만해서 영상과 책을 함께 보았다.

열 살 아꼬몽은 파닉스를 따로 가르쳐준 적도 없고 단어를 외우게 하지도 않았지만 영어 챕터북의 70~80%를 읽어내고 있다. 파닉스를 별도로 가르쳐주지 않아도 전자펜과 오디오CD로 영어책을 충분히 들으며 읽다 보면 우리말처럼 자연스럽게 영어도 읽을 수 있다.

* 씽씽시리즈를 좋아한다면 씽씽스토리북스(Sing Sing Story Books)까지. 역시나 전자펜이 가능하고 책의 내용을 노래로도 읽어준다.

시계마을 티키톡 영어동화 시리즈

★ 전자펜 ★

★ 노래가 좋은 전집 ★

★ 영어책+TV ★

★ 구성 : 양장본 10권,

★세이펜 가능★

★ 추천연령 : 3세 ~ 7세

아꼬몽 네 살 후반에 시계마을 티키톡을 EBS에서 몇 번 한글로 봤다. 덕분에 주인공도 이야기도 익숙한 상태였다. 당시 아꼬몽은 책을 좋아하는 아이로 자라 있었고 영어책과 TV를 꾸준히 본 덕에 영어책도 좋아했다.

티키톡 영어동화책은 양장본으로 10권밖에 되지 않아 아쉬움이 좀 있지만, 역시나 책의 이야기 전체를 노래로 불러주어 아꼬몽이 아주 좋아했다. 유튜브에 티키톡 영어 영상이 있으니 아이가 재미있게 본다면 영어책까지 보여줘보자.

아직 인터넷에서 새 책이 판매되고 있고, 중고로 구입하면 상당히 저렴한 가격으로 구입할 수 있다.

〈유튜브 영상 QR코드〉

에릭 칼, 앤서니 브라운 등 유명작가

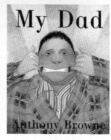

★ 추천연령 : 1세 ~ 초저

요즘 도서관에는 영어책과 DVD가 점점 많아지고 있다. 우리나라에서 제작한 영어 전집은 아직 부족하지만, 에릭 칼과 앤서니 브라운처럼 유명 작가의 책은 웬만한 도서관에 거의 다 있다. 그러니 우선은 도서관에서 빌려서 보고 아이가 정말 좋아해서 반복하면 그때 책을 사면 된다. 유명한 원서는 아꼬몽도 도서관을 활용해 읽어보기도 했다.

아무리 유명작가라고 해도, 아무리 다른 아이들이 좋아하는 책이라도 내 아이에게는 맞지 않을 수도 있다는 것을 잊지 말자. 책도 노래도 모두 그렇다. 그러니 처음부터 구입하기 보다는 도서관이나 유튜브 등을 활용해 미리 노래를 들어볼 것을 추천한다.

유튜브 '노부영 JYbooks' 에 보면 '노부영 율동' 코너를 통해 재미난 율동과 함께 노래를 들어볼 수 있으니 아이가 좋아하는 곡, 한두 곡 정도 함께해보는 것도 좋다.

〈유튜브 영상 QR코드〉

영어책 + DVD 시리즈
재미있는 캐릭터 하나면~ 책도 읽고 TV도 보고!!

아이가 좋아하는 캐릭터를 발견하면 한동안 엄마표 영어 진행이 수월해진다. 하나의 캐릭터를 오랜 시간 동안 좋아한다면 더할 나위 없이 행복한 일인데, 간혹 아이가 한 가지만 반복한다고 걱정하는 엄마도 있다. 아꼬몽은 여덟 살부터 한 번씩 주기적으로 '호리드 헨리'에 빠지곤 한다. 그 덕에 영어떼기와 영어로 말하기에 엄청난 효과를 보고 있으니 참고했으면 한다.

아이가 한 캐릭터에, 한 권의 책에 빠져 있다면 그 시간을 즐기면 된다. 아이는 반복을 통해 기본을 튼튼하게 다지고 다음 단계로 넘어간다. 어떤 아이는 다양한 캐릭터를 두루두루 좋아하고, 어떤 아이는 한 캐릭터에 푹 빠진다. 어느 쪽이든 괜찮다. 아이마다 모두 다르니, 엄마는 그저 아이가 좋아하는 방향으로 즐겁게 함께 걸어가면 된다.

이 책에서 추천하는 DVD 목록은 아꼬몽의 취향과 반응을 바탕으로 작성했다. 아꼬몽의 경우 '페파피그'를 네 살에 처음 접했고 굉장히 좋아했지만 5세 이후로는 보지 않는다. 아꼬몽의 친구 중 열 살에 페파피그를 처음 만난 남자아이가 있다. 재미있다며 매일 시청하고 있고 페파피그 책까지 구입해서 읽고 있다. 다른 아이들이 좋아하지 않아도 내 아이는 좋아할 수 있고, 다른 아이들이 아가 때 봤어도 우리 아이는 지금 좋아할 수도 있다. 그러니 아꼬네 영어책과 DVD 목록을 참고해 샘플 영상을 하나하나 보여주면서 내 아이가 좋아하는 것을 찾아보자.

유튜브를 통해 대부분의 영상을 무료로 볼 수 있는 세상이다. 유튜브는 무료라는 강력한 장점을 갖고 있지만, 끝없이 시청하게 된다는 단점도 있다. 유튜브는 아이와 약속해서 정해진 시간 동안만 볼 수 있도록 하자. 그게 어렵다면 미련 없이 DVD를 구입해서 보여주도록 하자.

무료라는 이유로, 스마트폰으로 간편하게 보여줄 수 있다는 이유로 유튜브를 선택한 많은 엄마들이 고생하는 것을 보았다. 처음에는 엄마표 영어로 시작하지만, 자칫 방심하면 아이에게 엄청난 양의 자극적인 영상만 노출하게 될지도 모른다.

아꼬몽은 여덟 살 이후로 가끔 유튜브로 영상을 본다. 그냥 보여주면 어제 어디까지 봤는지 알 수 없고, 두서없이 보게 되어 미리 '내채널 재생목록'에 넣어두고 보여주고 있다. 또, 아이들이 불필요한 광고에 호기심을 빼앗기는 것을 방지하기 위해 유튜브 유료멤버십(월 1만원 정도)에 가입했다.

까이유(Caillou)

까이유 보드북

까이유 DVD

★ 추천연령 : 1세 ~ 5세

아꼬몽 세 살에 구입했던 까이유 보드북과 DVD. 평범하지만 호기심 많은 까이유가 그려내는 일상 이야기로, 한 번 아이가 까이유 캐릭터를 좋아하면 볼 수 있는 DVD가 굉장히 많다. 까이유 오리지널, 캡틴 까이유, 까이유 익스플로러 더 월드 등 시리즈가 아주 넉넉하고 유튜브를 통해 무료로 볼 수도 있다.

아꼬몽은 세 살부터 네 살까지 까이유를 정말 열심히 봤다. 지금도 귓가에 까이유 주제곡이 생생할 정도다. 할머니가 까이유에게 이야기를 들려줄 때면 항상 "Story time kids~" 라고 이야기하고 시작했는데, 아꼬몽이 나중에는 이 부분을 따라하며 영어책 읽는 흉내를 내기도 했다.

하지만 5세 이후로 다시는 보지 않았던 DVD이기도 하다. 아마 까이유는 아기 이야기라고 생각하는 것 같았다. 그래도 정확한 발음과 짧은 문장, 적당한 속도로 처음 엄마표 영어를 시작하는 아이들이 보면 좋은 DVD다. 아꼬몽의 나이는 참고만 하고 어떤 DVD든 아이에게 샘플 영상을 보여주자. 나이에 상관없이 아이가 좋아만 한다면 영어 기초 쌓기는 물론 내용도 좋은 DVD이기 때문이다.

〈유튜브 영상 QR코드〉

단, 까이유 보드북은 아기 느낌이 더 나기 때문에 4세 이하까지만 추천한다. 4세 이하라면, 아이가 까이유를 좋아한다면 장난감처럼 갖고 놀기에 정말 좋다.

상상영어 마메모(MAMEMO)

★ 전자펜 ★ ★ 영어책+DVD ★

엄마와 함께하는 생활영어 마메모: 보드북 30권, 양장본 30권, DVD 12장

★ 추천연령 : 1세 ~ 6세

아꼬몽 세 살에 구입했던 마메모. 마메모는 호기심 많고 모험을 좋아하는 다섯 살 소년이다. 무엇으로도 변신할 수 있는 단짝 친구 초록색 소와 다양한 모험을 하며, 화려하면서도 따뜻한 그림과 경쾌한 음악이 함께한다. 그

래서 아이들의 상상력을 자극하는 책이기도 하다.

전집에 포함되어 있는 DVD가 12장이 있는데, 아이가 상상하며 보는 상상 버전과 영어가 나오는 영어 버전이 있다. 마메모 캐릭터를 좋아해서 다섯 살까지 영상도, 책도 잘 봤다. 아꼬네는 언제나 그렇듯 책과 DVD만 활용했다.

아꼬몽 30개월에 낮잠을 재우려고 마메모를 선택한 적이 있다. 그날따라 쉽게 잠들지 않아 한 시간을 읽어주었다. 그 정도로 엄마인 내가 읽어주기에도 부담이 없었고, 아이들도 좋아했다. 또 세이펜이 되어 종종 아이들 스스로 찍고 보기도 했다.

보드북 36권, 양장본 36권 구성으로 한동안 영어책 걱정이 없어진다. 중고서점에서 굉장히 저렴한 가격에 팔리고 있어 추천하고 싶은 책이다. 이 좋은 책을 저렴한 가격에 살 수 있다는 건 정말 감사한 일이다. 경제적 여유가 있다면 새 책을, 부담스럽다면 중고서점을 이용해보자.

도라 익스플로러(DORA the EXPLORER)

★ 전자펜 ★   ★ 영어책+TV ★

1. Just like Dora! 2. Puppy Takes a Bath 3. I Love My Mami! 4. I Love My Papi! 5. Dora Helps Diego!

6. Dora's Puppy, Perrito! 7. Say "Cheese!" 8. So Many Bananas! 9. The Halloween Cat 10. Dora's First Trip

▲ 도라 리더스북, 세이펜 가능
◀ 도라 DVD

★ 추천연령 : 1세 ~ 6세

아꼬몽 세 살 후반에 구입했던 도라 DVD. DVD를 재미나게 봐서 네 살에 리더스북까지 구입했고, 한동안 도라 캐릭터에 푹 빠져 지냈다.

모험을 좋아하는 일곱 살 소녀 도라(DORA)는 긍정적이고 다른 사람을 도와주는 것을 좋아한다. 아꼬몽은 도라와 함께 신나는 모험을 즐기며 자연스럽게 영어를 익혔다. DVD의 내용을 보면 어렵지 않은 단어들로 짧은 문장을 만들어, 아직 영어가 익숙하지 않은 아이들도 쉽게 볼 수 있다.

또 DVD를 보면 중간중간에 노래가 나온다. 아꼬몽은 도라의 메인 노래와 중간에 나오는 노래 모두 다 좋아했다. 특히나 도라와 친구들이 모든 미션을 다 수행하고 마지막에 "우리가 해냈어, 성공이야" 라는 뜻으로 "We did it!"을 외치며 한바탕 노래를 부르며 춤을 춘다. 아꼬몽은 흥겨워 댄스타임에 동참했고, 신나는 노래 덕분에 영어를 더 쑥쑥 받아들였다.

* 도라를 좋아한다면 디에고(Diego)까지

디에고는 도라의 사촌이다. 여덟 살이고 역시나 모험을 좋아하는 아이다. 동물을 좋아해 위험에 빠진 동물을 구조해준다. 자연과 동물을 좋아하는 아꼬몽은 디에고를 더 오랫동안 좋아했다. 도라를 좋아한다면 디에고도 샘플 영상을 보여줘보자.

냉장고 나라 코코몽(COCOMONG)

★ 전자펜 ★　　★ 영어책+TV ★

코코몽과 함께 좋은 습관 기르기 20권

★ 추천연령 : 2세 ~ 7세

코코몽은 소시지에서 원숭이가 되었고 아로미는 삶은 계란에서 토끼가 되었다. 이렇게 만들어진 친구들과 아이들 주변에서 일어날 수 있는 일상을 소재로 재미난 이야기를 만들었다. 개구쟁이 코코몽 캐릭터 자체가 좀 웃기기도 한다.

아꼬몽은 세 살에 '헬로 코코몽' 시리즈를 처음 봤는데 완전 반해버렸던 영상이다. 처음에는 코코몽과 친구들의 이야기가 나오고, 그 다음에는 이야기에 맞는 노래를 모두 같이 부른다. 아꼬몽은 이 노래를 정말 좋아했다. 반복해서 보다가 영상에 나오는 노래를 거의 다 따라 불렀다. 당시 노래의 힘은 참 대단하다 생각했었다.

코코몽 캐릭터의 좋은 점은 유튜브에서 영어 영상을 무료로 볼 수 있다는 것과 '헬로 코코몽' 시리즈 DVD 가격이 저렴하다는 것이다. 그러니 샘플 영상을 보여준 후 아이가 좋아한다면 DVD나 유튜브 중 선택해서 보여주면 된다.

아꼬몽이 코코몽 캐릭터를 좋아해서 찾아보니《좋은 습관 기르기》라는 책이 있었다. 책의 내용은 습관에 관련된 것이었고 코코몽을 한창 좋아했던 아꼬몽은 책도 잘 봤다. 한글책과 영어책이 모두 있는 쌍둥이북이지만, 아꼬몽은 영어 버전만 구입해서 읽었다.

〈유튜브 영상 QR코드〉

틸리와 친구들(Tilly and Friends)

틸리와 친구들 페이퍼북

★ 추천연령 : 2세 ~ 7세

노란 집에 모여 사는 주인공 틸리와 깜찍한 다섯 동물친구가 함께 생활하며 우정을 키워나가는 따뜻한 이야기. 아꼬몽은 여덟 살에 도서관에서 책으로 만났다. 여덟 살 형님이 읽기에는 내용이 너무 잔잔했지만 꼬몽이는 재미있게 읽었다. DVD까지 있다는 것을 알고는 좀 더 일찍 만나지 못한 것이 아쉬웠던 책과 DVD다.

'틸리와 친구들'의 장점은 유튜브를 통해 영상을 무료로 볼 수 있다는 것이다. 잔잔하지만 아기자기한 주인공과 예쁜 그림체가 눈길을 사로잡는다. 틸리와 친구들이 일상생활 속에서 일어나는 문제를 해결하기도 하고 모험과 놀이를 하면서 즐거워하기도 한다. 영국 방송사 BBC가 운영하는 미취학 아동 전문채널 CBeebies에서 방영되어서 영국식 영어발음을 들어볼 수 있다. 엄마가 듣기에는 영국식 영어라 어색할 수도 있지만, 아이들은 우리말과 영어를 구분하지 않듯이 영국식 발음과 미국식 발음도 신경 쓰지 않는다. 오히려 다양한 영어발음에 익숙해질 수 있는 기회가 된다. 영국식 발음의 영어 DVD를 볼 때, 아꼬몽은 한번도 신경 쓴 적이 없다. 아이들에게 중요한 것은 딱 하나였다.

바로 재미. 재미가 있으면 보고, 재미가 없으면 보지 〈유튜브 영상 QR코드〉
않았다.

우선 아이에게 영상을 보여준 후, 아이가 좋아하면 책도 읽어보자. 오디오CD가 있어서 처음에는 엄마와 같이, 나중에는 아이 혼자 읽을 수 있다.

페파피그(Peppa Pig)

★ 영어책+TV ★

페파피그 페이퍼북 50권 세트

★ 추천연령 : 3세 ~ 초저

행복한 웃음이 넘치는 페파네 가족의 따뜻한 이야기. 목욕시간, 생일파티 등 아이들에게 친숙한 일상을 자극적이지 않으면서도 재미있게 그려냈다. 아꼬몽은 네 살에 처음 봤고 한동안 정말 좋아했다. 비 오는 날이면 페파피그처럼 장화를 신고 물웅덩이에서 찰박찰박하며 신나게 놀았다. 하지만 5세 이후로는 다시 보지 않는 DVD이기도 하다.

그렇다고 어린 아이들만 보는 걸까 생각하면 안 된다. 아꼬몽 친구는 열 살에 페파피그를 처음 만났는데 정말 좋아한다.

페파피그는 영국 유치원 어린이용 텔레비전 시리즈로, 말하는 속도가 빠르지 않고 영국식 영어 발음을 접해볼 수 있다는 장점이 있다. 특히 아이가 페파피그를 좋아하게 되면 많은 양의 영상과 책이 기다리고 있으니 아주 기뻐해야 할 일이다. 에피소드가 아주 많아서 페파피그 하나만으로도 다양한 영어단어와 표현을 익힐 수 있다.

DVD를 구입해서 보여주어도 되고 유튜브에서 무료로 영상을 볼 수도 있다. 특히 책의 크기는 좀 작지만 50권 구성의 페이퍼북 세트가 있는데 가격도 저렴하고 유튜브에서 책을 읽어주는 영상도 쉽게 찾을 수 있다. 친구 엄마의 말처럼 "요즘 엄마표 영어 안 하면 손해인 세상"이 아닐까 한다.

〈유튜브 영상 QR코드〉

Oxford Reading Tree(옥스포드 리딩 트리)

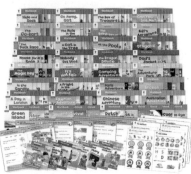

Oxford Reading Tree 리더스북

★ 추천연령 : 5세 ~ 초등   ★옥스포드펜 가능★

아꼬몽 여섯 살에 구입했던 ORT. 당시 워킹맘이었던 나는 굉장히 바빴다. 평일에 야근은 물론 주말에도 출근해야 하는 상황이었다. 엄마표 영어는커녕 아이들에 대해 신경 쓸 작은 시간조차 부족했다. 그러던 어느 날, 아이들을 제대로 돌보지 못하는 것에 대한 속상함이 밀려왔다. 이렇게 돈은 벌어서 무엇 하나 하는 생각이 들어 남편 모르게 홈쇼핑에서 10개월 할부로 ORT를 구입했다.

덕분에 꺼져가던 엄마표 영어에 다시 불을 붙일 수 있었다. 책은 책대로 좋아했고, 책에 나오는 주인공들의 이야기인 매직키 DVD는 당시 영어로만 TV보기에도 크게 한 몫 해주었다.

당시 여섯 살이 된 아꼬몽은 한창 우리나라 동화책의 수준이 올라가고 있었다. 단순한 노래와 챈트로 엄마표 영어를 진행하기에는 버거운 순간이 온 것이었다. 어느새 훌쩍 자란 아이들은 영어책도 스토리를 원했지만, 바쁜 엄마가 띄엄띄엄 진행한 엄마표 영어로 아이들 수준에 맞는 영어책을 읽을 수 없는 상황이었다.

ORT는 단순하고 쉬운 문장으로도 탄탄하고 반전이 있는 이야기로 구성되어 있다. 비용은 크게 부담했지만 아이들 아홉 살까지도 수없이 반복했기 때문에 본전을 뽑고도 남은 책이다. 요즘은 웬만한 도서관에 다 있으니 도서관을 활용해도 좋을 것 같다. 아꼬몽은 5단계까지만 구입해서 보여주었다. 그 이후 단계도 보여주려 했지만 아이들은 자연스럽게 ORT를 시시하다며 더 이상 읽지 않았다.

리틀 프린세스(Little Princess)

리틀 프린세스 DVD

★ 추천연령 : 5세 ~ 초저

리틀 프린세스는 화려한 경력의 세계적인 작가 토니 로스(Tony Ross)가 그린 작품으로, 독특하고 풍부한 상상력, 유머러스한 화풍이 그대로 담겨 있다. 호기심 많고 발랄한 사랑스러운 꼬마 공주의 이야기. 아름답고 여성스러운 공주를 생각하면 안 된다. 떼를 쓰기도 하고, 깔깔깔 큰 소리로 웃기도 하는 그야말로 엉뚱한 공주다. 그녀의 일상이 아이들에게 재미도 주고 때로는 교훈을 준다.

아꼬몽 여섯 살에 DVD와 책을 구입했는데, 여섯 살 때보다 일곱 살부터 여덟 살까지 키득키득하면서 재미있게 잘 보았다. 영국식 영어 발음이고, 스토리북의 경우 대부분 아꼬몽 스스로 세이펜을 통해 혼자 보았다. 리틀 프린세스는 DVD 시리즈가 계속해서 추가되고 있고 스토리북, 리더스북, 챕터북까지 있어서 아이가 리틀 프린세스를 좋아하면 볼거리가 많은 편이다. 또 유튜브에서 꽤 많은 양의 영상을 무료로 볼 수도 있다.

* 토니 로스는 아꼬몽이 3년째 좋아하고 있는 '호리드 헨리'를 그리기도 했다.

〈유튜브 영상 QR코드〉

엘로이즈(Eloise)

★ 영어책+TV ★   ★ 오디오CD ★

엘로이즈 스토리북 레벨1 16권

DVD 6장

★ 추천연령 : 5세 ~ 초저

럭셔리한 뉴욕 호텔에 살고 있는 엄청난 장난꾸러기 여섯 살 소녀 엘로이즈. 넓고 넓은 플라자 호텔의 1층 로비에서부터 자신이 살고 있는 꼭대기 층까지 구석구석을 돌아다니며 다양한 이야기가 펼쳐진다.

아꼬몽 일곱 살에 엘로이즈 DVD를 보여주었고, 여덟 살까지 재미있게 잘 보았다. 일곱 살에 리더스북까지 구입했지만 책에 대한 반응은 보통이었다. 그래도 아꼬몽이 종종 읽었던 책이고, 다른 집에 보낸 후에 찾았던 아쉬운 책이기도 하다. DVD도 책도 좀 더 일찍 보여줄 걸 하는 아쉬움이 있는 캐릭터다. 역시나 모든 영어 영상은 아이마다 취향이 다르니 유튜브를 통해 샘플 영상을 보여주고 구입하면 좋다.

* READY-TO-READ 시리즈
단어 뜻 그대로 아이들의 읽기 단계를 준비하는 책 시리즈.
아이들 읽기 연습하기 좋게 글씨도 크고, 한 두 줄의 문장으로 이야기가 구성되어 있다. 같은 레벨 1에 OLIVIA 시리즈가 있다. 아끄몽은 나이가 지나 보여주지 못했지만, 유튜브에서 무료로 많은 영상을 볼 수 있고 인기 많은 캐릭터다.

〈OLIVIA 유튜브 영상 QR코드〉

큐리어스 조지(Curious George) ────────

★ 영어책+TV ★   ★ 오디오CD ★

페이퍼북

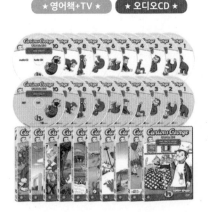

큐리어스 조지 DVD

★ 추천연령 : 5세 ~ 초저

아꼬몽 여섯 살에 구입했던 큐리어스 조지는 호기심 많은 꼬마 원숭이다. 노란 모자를 쓴 아저씨와 함께 산다. 호기심이 많아 이것저것 만지고 사고 치는 조지는 우리 아이들 같고, 엉뚱한 행동에도 다정하게 대해주는 아저씨는 아빠 같다. 아이들이 주변 일상에서 겪을 법한 크고 작은 일들을 호기심 대장 조지를 통해 유쾌하게 풀어가는 이야기가 흥미진진하다. 엄마인 나도 궁금해져 일하다 말고 옆에 앉아서 보곤 했다. 오늘은 또 어떤 사고를 치는지, 어떻게 해결하는지 궁금했다.

큐리어스 조지가 고마운 것이 한글더빙이 없다는 것이다. 한창 같은 영상을 한글과 영어로 번갈아가며 보던 때였는데, 큐리어스 조지는 번갈아볼 수가 없었다. 아꼬몽에게 상황을 설명해주고 보여주었는데, 한 번 보더니 괜찮다고 재미있으니 그냥 보겠다고 했다. 주제곡부터 내용까지 모두 좋아했고 아꼬몽에게 사랑을 듬뿍 받았던 캐릭터다. 여섯 살에 구입해서 여덟 살까지 잊을 만하면 한 번씩 반복했다.

《큐리어스 조지》 책이 있다는 것을 나중에 알았다. 한창 좋아했을 때 읽었다면 효과를 봤을 텐데 아쉬움이 좀 있다. 유튜브에서 무료로 많은 영상을 제공하고 있으니 아이가 좋아만 한다면 엄마표 영어를 알뜰하게 진행해볼 수 있다.

〈유튜브 영상 QR코드〉

바바파파(BARBAPAPA)

★ 전자펜 ★   ★ 영어책+TV ★   ★ 오디오CD ★

▲ 바바파파 잉글리쉬 페이퍼북 10권
▶ DVD 1집, 2집

★ 추천연령 : 5세 ~ 초저   ★쫑알이펜 가능★

내가 초등학교 때 재미있게 봤던 바바파파. "뚝뚝바바 뚝딱 바바요술~" 주
문을 외우면 무엇으로든 변신해서 무엇이든지 할 수 있는 마법의 주인공이
다. 덕분에 나는 바바파파를 보며 상상의 나래를 펼치곤 했다. 그런 바바파
파를 아이들 창작동화를 검색하다 발견하게 되었고, 다시 한 번 동심으로
돌아갈 수 있었다.

어려서는 몰랐는데, 아이들에게 읽어주려고 책을 산 후 바바파파의 로맨틱
한 탄생 배경을 알게 되었다. 파리의 어느 카페에서 우연히 옆자리에 앉게
된 두 사람이 장난삼아 낙서를 주고받았는데, 그때 이 책의 주인공인 바바
파파가 태어났다고 한다. 훗날 두 사람은 결혼하여 부부가 되었고 이렇게
아름다운 바바 가족의 이야기를 만들고 있다.

아꼬몽 다섯 살에 한글전집을 구입해서 읽어주었는데 반응이 좋아 영어

DVD도 구입했다. 예상과 달리 한 번 시청 후 보지 않았는데, 여덟 살에 다시 보여주니 잘 보았다. 당시에 없었던 영어책이 오디오CD 및 전자펜과 함께 출시되어, 아이가 바바파파를 좋아한다면 책과 함께 엄마표 영어를 진행하면 좋을 것 같다.

상상력을 자극하는 이야기는 물론, 환경문제나 동물에 대한 사랑까지 정말 따뜻함이 가득한 이야기들로 추천하는 책이다.

아서(ARTHUR)

★ 전자펜 ★   ★ 영어책+TV ★

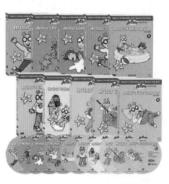

아서 DVD

★ 추천연령 : 6세 ~ 초등

예의 바르고 친절한 초등학교 3학년 아서, 그런 오빠를 놀리고 귀찮게도 하지만 사랑스러운 여동생 D.W, 그리고 아서 친구들의 이야기. 정확한 발음과 컬럼비아 대학 연구진으로부터 검증된 어휘와 문장을 사용하고, 아이들

주변에서 일어나는 일상생활과 학교, 친구, 가족 등 다양한 소재를 다룬다. 더불어 아이들의 실질적인 고민과 경험을 바탕으로 문제해결까지 부드럽게 제시해주는 교육용 DVD다. 보통 7세쯤 되면 자극적인 영상을 접하기 시작하는데, 아꼬몽은 엄마표 영어 덕에 교육용 DVD를 보며 단단하게 자랄 수 있었다.

워낙 인기가 좋아 리더스북, 챕터북 등 책과 DVD 시리즈가 굉장히 많고, 유튜브를 통해 무료로 볼 수 있어 아이가 한 번 좋아하면 볼거리가 넉넉한 캐릭터다.

아꼬몽은 7세 초반에 DVD를 구입해서 처음 보여주었고, DVD를 잘 봐서 '아서 스타터 리더스북'을 구입했다. 스타터 리더스북도 잘 봐서 '아서 어드벤처 리더스북'을 구입했는데 어려운지 당시에는 잘 안 봤고, 8세가 되어 재미있게 읽었다. 아서 시리즈는 책도 DVD도 열 살이 된 지금까지도 한 번씩 반복하는 캐릭터다.

〈유튜브 영상 QR코드〉

호리드 헨리(Horrid Henry)

★ 영어책+TV ★   ★ 오디오CD ★

Horrid Henry DVD 1,2,3,4집 각8종

Horrid Henry Early Reader

Horrid Henry
Meets the Queen

Horrid Henry
Robs the Bank

Horrid Henry
Tricks the
Tooth Fairy

Horrid Henry
Abominable
snowman

Horrid Henry
Mega-Mean
Time Machine

Horrid Henry
Mummy's Curse

Horrid Henry
Zombie Vampire

Horrid Henry
Rocks

Horrid Henry
Wakes the Dead

Horrid Henry's
Christmas
Cracker

Horrid Henry 챕터북

초등학생이 된 아꼬몽은 집에 있는 영어책은 모두 시시하고 재미없다며 읽기 싫다고 했다. DVD 역시 그동안 봐왔던 시리즈 말고 새로운 것을 원했다. 아이들의 취향이 나이에 따라 바뀌고 있다는 것을 감지하고 새로운 책과 DVD를 찾아 헤매었다. 그러다 발견한 '호리드 헨리(Horrid Henry)'.

악동 중에서도 둘째가라면 서러울 최고의 개구쟁이 Henry. 주변 사람들은 이 꼬마 악동을 징글징글한 말썽쟁이, 즉 'Horrid Henry'라고 부른다. 장난을 좋아하는 개구쟁이 아꼬몽에게 책보다 먼저 영상을 살짝 보여주었다. 유튜브를 통해 영상을 본 아이들은 재미있다며 관심을 보였다. 그래서 챕터북 진입을 도와주는 얼리챕터북(Early Reader)을 구입했다. '영어그림책과 리더스북만 읽어온 아꼬몽이 챕터북으로 잘 넘어갈 수 있을까' 솔직히 기대 반 두려움 반이었다.

결과는 대박이었다. 얼리챕터북 한 권을 읽어보더니 재미있다며 계속 읽겠다고 했다. 기존 책과 달리 글의 양과 페이지가 많아 힘들어했지만 포기하지 않았다. 내용이 너무 재미있으니 내가 그만 읽으라고 해도 계속해서 집중듣기를 통해 읽고 또 읽었다.
호리드 헨리 챕터북 오디오CD는 영국 유명 배우의 생동감 넘치는 더빙으로 어른이 들어도 진짜 재미있다. 그래서인지 아꼬몽은 영상보다 책을 더 좋아했다. 아이들은 호리드 헨리를 통해 장난기와 상상력을 대리만족하고 있었다. 둘이서 깔깔대며 배꼽을 잡고 웃었고, DVD와 책에서 본 대사를 활용해 상황극 놀이를 하며 재미나게 놀았다.

여덟 살부터 열 살이 된 지금까지도 잊을 만하면 반복하고 또 반복하는 호리드 헨리 덕을 톡톡히 봤다. 이야기 재미에 푹 빠져 얼리챕터북 25권을 수없이 반복하면서 기초를 튼튼히 다진 것이다. 덕분에 호리드 헨리 챕터북으로도 자연스럽게 넘어갔고, 다른 챕터북으로도 자연스럽게 올라탔다. 내 아이의 취향을 따라가는 것이 얼마나 중요한지, 같은 책만 무수히 반복해도 기다려주는 것의 효과가 얼마나 큰지 깨닫게 되었다.

* Horrid Henry 시리즈는 영국 초등학교 저학년 아이들에게 가장 사랑 받는 책 중 하나로 아이들의 책은 무조건 교훈적이고 착한 스토리여야 한다는 관념을 깨트리려는 듯 괴짜 주인공의 기상천외한 행동이 아이들의 눈높이에 딱 맞아 자연스럽게 호기심을 갖고 읽기의 재미에 푹 빠지게 만드는 챕터북이다.

* Horrid Henry 챕터북은 총 4개의 챕터, 그러니까 4개의 다른 이야기로 구성되어 있다. 챕터북에서 재미있는 챕터 하나를 골라 얼리챕터북 한 권을 만들었다고 보면 된다. 같은 이야기지만(글의 양도, 내용도 완전 똑같다). 얼리챕터북에서는 글씨의 크기를 키우고, 공백도 더 넣어주고, 그림도 컬러로 만들어 훨씬 더 추가된다. 덕분에 아이들이 그림책처럼 재미있게 읽을 수 있다. 그래서 챕터북 진입을 도와주는 책이 얼리챕터북인 것이다.

〈유튜브 영상 QR코드〉

좀 더 일찍 만났으면 좋았을
아쉬운 유아영어 DVD BEST 5

한 살이라도 어릴 때, 엄마표 영어를 시작하면 좋은 점이 있다. 바로 아이 나이에 맞는, 아이 발달 수준에 맞는 교육용 영어DVD를 마음껏 즐길 수 있다는 것이다.

'아꼬몽에게 처음 TV를 보여주기 시작했을 때 알았으면 얼마나 좋았을까' 아쉬움이 정말 큰 유아영어 DVD를 소개한다.

잔잔한 영상과 정확한 발음은 물론, 대사 속도가 느리다. 어린 아이들에게 는 자극적이지 않아서 좋고, 이제 막 영어를 시작한 아이들에게는 어렵지 않아서 좋다. 그래서 아이가 두 살이든, 다섯 살이든 쉬운 영어DVD를 재미있게 볼 수만 있다면 영어의 기본을 단단하게 다지기에 참 좋은 환경을 갖게 되는 것이다.

(큰 차이는 없지만, 점점 큰 아이들이 볼 수 있는 영상 순으로 나열했다)

스팟(Spot)

★ 추천연령 : 2세 ~ 5세

장난꾸러기 스팟은 세 살배기 강아지. 호기심이 많아 늘 새로운 것에 관심을 갖고, 주변을 탐색한다. 그래서 요 또래 아이들이 보기 좋은 DVD다. 잔잔하면서도 적당한 대화 속도로 아이만 좋아한다면 교육적으로도 좋다.

엄마표 중국어 불씨가 남아 있을 때, 이중 언어책으로 구입했다. 6세 아꼬몽이 보기에는 너무 잔잔하여 몇 번 읽고 안녕했던 아쉬운 캐릭터다. 책과 연계가 가능해서 더욱 좋다.

메이지(Maisy)

★ 추천연령 : 2세 ~ 5세

언제나 즐거운 생쥐 메이지의 모험을 다채로운 색채로 표현한 애니메이션.
친구 사귀기, 세발자전거 타기, 수영 배우기와 같은 아이의 일상을 소재로 한다. 잔잔하지만 원색의 영상이 아이들의 호기심을 끌기 좋다. 자극적이지 않은 영상과 적당한 대화 속도로 어린 아이들이 보기에 좋은 DVD다. 책과 연계가 가능해서 더욱 좋다.

우리는 세쌍둥이(THE BABY TRIPLETS)

★ 추천연령 : 2세 ~ 5세

세쌍둥이의 평범한 일상 이야기. 유명해서 알고는 있었는데, 미루다가 아꼬몽 다섯 살에 책과 DVD를 구입해서 보여주었다. 솔직히 한 발 늦은 느낌이었다. 세쌍둥이는 잔잔한 구성과 정확한 발음, 무엇보다 말이 빠르지 않아서 세 살 전후의 아이들에게 꼭 추천하고 싶은 영어DVD다. 아꼬몽은 다섯 살에 몇 번 반복 후 더 이상 보지 않았다. 책과 연계가 가능해서 더욱 좋다.

클리포드 빨간 큰개 빅빅(Clifford the Big Red Dog)

★ 추천연령 : 2세 ~ 6세

귀여운 소녀 에미리 엘리자벳과 엄청나게 크지만 애교 많고 사랑스런 장난꾸러기 강아지 클리포드의 황당하고도 재미있는 이야기. 집채만큼 큰 강아지 클리포드가 아이들의 호기심을 자극한다. 책과 함께 볼 수 있어 더욱 좋은 시리즈다. 아꼬몽은 6세에 알게 되어 많이 아쉬웠던 캐릭터다.

* 클리포드 퍼피 시리즈: 빅 레드 클리포드의 꼬꼬마 시절 이야기

출동! 원더펫(WONDER PETS!)

★ 추천연령 : 2세 ~ 6세

리니, 턱, 밍밍 세 동물친구들이 아이들이 모두 집으로 간, 방과 후 교실에서 도움을 요청하는 전화를 받고 어려움에 빠진 다른 친구들의 문제를 해결하는 이야기. 주제곡이 너무 좋다. 아꼬몽도 한동안 부르고 다녔다.

전 세계적으로 유명한 문화와 예술, 생태, 지형 등의 인문과학과 자연과학적 요소들이 담겨 있어 지혜와 협동심을 배울 수 있다.

아꼬몽 다섯 살 후반에 만났던 아쉬운 영어 DVD.

'영어로만 TV보기'를 위한 한영 번갈아 보기 가능 DVD 시리즈

아꼬몽 세 살 때 영어DVD 세계를 알게 되었다. 바로 영어로만 TV를 보여주고 싶었지만, 이미 한글TV의 맛을 본 아이들이라 쉽지 않았다. 그래서 처음에는 기존에 보고 있던 '뽀로로'나 '꼬마버스 타요'를 영어 버전으로 보여주었다. 아이들이 아무 말 하지 않으면 그냥 영어로 쭉 보여주었고, 무언가 기존에 보던 것과 다르다는 것을 인지하면 한글로 한 번 본 후, 영어로 한 번 보자고 구슬렸다. (이럴 땐 주로 간식을 이용했다)

한글TV 시청이 끝나면 기다렸다가 바로 영어 차례가 되었다며 영어 버전을 보여주었다. 하지만 한글 차례가 되었는데 아이들이 영어 버전을 잘 보고 있으면 그냥 영어로 보게 놔뒀다. 이런 식으로 한글TV 시청 시간을 조금씩 줄여나갔다.

또, 기존에 보던 한글TV는 원하면 보여주었지만, 새로운 한글TV는 보여주지 않았다. 결국 매번 보던 것을 또 보니 한글TV는 점차 재미없는 존재가 되어갔다. 그 빈자리를 영어TV로 채워주었다. 아꼬몽이 좋아할 만한 영어TV를 열심히 찾아서 보여준 것이다.

엄마표 영어를 진행하면 좋은 점이 전 세계에 있는 재미있으면서도 교육적인 어린이 방송을 볼 수 있다는 것이다. 신나는 모험과 우정, 스스로 문제를 해결해 나가는 씩씩한 아이들, 자연을 사랑하는 마음, 가족의 소중함 등 정말 좋은 영어DVD가 너무 많다.

한창 또래 아이들이 유아TV에서 자극적인 TV를 보는 단계로 넘어갔을 때, 아꼬몽은 영어DVD를 통해 영미권 문화와 언어를 자연스럽게 습득해 나갔다. 때로는 신나는 모험을, 때로는 상상의 세계로 여행을 떠나기도 했다. 그 뿐만이 아니다. 뮤지컬처럼 이야기를 풀어내는 DVD와 영어책 노래를 통해 음악적 감각을 얻는데도 도움이 되었다. 유치원에서 아꼬몽이 자신 있게 동극을 하던 모습, 영어뮤지컬의 주인공으로 연극을 하던 모습을 보면서 영어DVD의 장점을 새삼 느낄 수 있었다. 이렇게 엄마표 영어 덕분에 나는 아이에게 TV를 보여줄 때마다 느끼는 죄책감(?!)을 덜 수 있었다. 아니 어쩌면 당당하게 보여줄 수 있었다.

♣ 한영 번갈아 보기 가능 DVD 시리즈

뽀로로

★ 추천연령 : 2세 ~ 7세

아꼬몽 18개월에 처음 보여주었던 TV가 바로 '호비'와 '뽀로로'다. 아이들 세 살에 IPTV에서 영어 버전이 나와 영어 뽀로로를 보여주기 시작했다. 한글과 영어를 크게 구분하지 않던 때라 자연스럽게 봤다. '똑똑박사 에디'도 지금은 영어 버전이 있다.

꼬마버스 타요

★ 추천연령 : 2세 ~ 7세

'타요'도 '뽀로로'를 볼 때 함께 보았던 한글TV. 우리 집 IPTV에 영어 버전이 세 살에 생겨 보여주기 시작했다. 나름 아꼬몽이 잘 보았다.

그 외 영어로 본 애니메이션 (영어 버전 유튜브 시청 가능)

★ 추천연령 : 2세 ~ 7세

| 치로와 친구들 | 선물공룡 디보 | 풍선코끼리 발루뽀 | 프래니의 마법 구두 |

클로이의 요술옷장(CHLOE'S closet)

★ 추천연령 : 3세 ~ 7세

클로이는 호기심 많고 상상력이 풍부한 다섯 살 꼬마아가씨다. 클로이 방에는 요술옷장이 하나 있다. 옷장 안의 옷을 입으면 그 옷의 주인공으로 변신해서 모험의 세계로 떠나게 된다. 아꼬몽이 정말 재미있게 본 DVD.

4세, 5세에는 한글과 영어를 번갈아가며 보았고 나중에는 영어로만 보았다. 이야기가 많아 한동안 영어DVD 걱정하지 않아도 된다. 무엇보다 클로이는 내용이 좋고, 말도 빠르지 않아 5세 전후의 아이들이 보기 좋다.

구름빵

★ 추천연령 : 5세 ~ 초저

엄마가 만들어 준 구름빵을 먹으면 하늘을 날게 되는 홍시와 홍비 남매 이야기. 재미있는 이야기에 푹 빠진 아꼬몽은 하늘을 날고 싶은 마음에 구름빵을 먹어보고 싶어 했다. 4세 후반에 엄마의 출근과 함께 한글TV를 좀 봤었는데(당시 영어DVD 찾을 시간과 마음의 여유 부족으로 한글TV를 보여줬었다) 내용을 다 이해한 후로는 영어로 보여주었다.

말이 좀 빠른 감이 있지만 내용이 재미있어서 아꼬몽 여덟 살까지 한 번씩 반복하곤 했다.

아기 공룡 버디(Dinosaur Train)

★ 추천연령 : 5세 ~ 초저

아꼬몽 여섯 살 전후에 봤던 공룡기 차 버디. 주제곡이 지금도 기억날 정도로 반복해서 보았다.

버디는 티라노사우르스인데, 익룡 엄마 아빠에게서 자란다. 익룡 형제 들과 다양한 시대로 시간여행을 떠 나는 이야기. 한창 공룡에 관심이 많을 때였는데, 마침 IPTV(BTV)에서 무료로 보여주었다. 처음에는 한글과 영어 버전을 번갈아 보았고 여섯 살 이후에는 영어로만 보았다.

♣ 한영 번갈아 보기 좋은 디즈니 주니어 시리즈

디즈니 주니어는 재미있다는 장점과 말이 빠르다는 단점을 갖고 있다. 그래서 자극적인 영상에 많이 노출되어 잔잔한 영어DVD 보기를 거부하는 아이들, 혹은 엄마표 영어를 6세 이후에 시작한 아이들에게 추천한다. 단, 재미는 있지만 말이 빠르기 때문에 처음부터 영어로만 보기에는 쉽지 않다. 이럴 때는 한글로 몇 번 보여주어, 내용을 이해할 수 있도록 도와주면 된다. 아꼬몽은 어떤 디즈니 주니어는 한글과 영어를 번갈아 보았고, 어떤 디즈니 주니어는 처음 몇 편만 한글로 보았다.

시리즈물의 장점은 주인공과 등장인물 그리고 이야기를 풀어가는 과정이 늘 같다는 것이다. 예를 들어 '꼬마의사 맥스터핀스'에서는 꼬마의사 닥과 장난감 친구들이 매번 등장한다. 그리고 매일 장난감 친구가 다치는 일이 발생한다. 그러면 꼬마의사 닥과 장난감 친구들이 치료를 해준다. 매회 이야기는 바뀌지만, 문제를 풀어가는 구성은 일정하다. 그래서 몇 번만 한글로 보고 나면 아이들은 금방 구조를 이해하게 된다. 모르는 단어가 있어도 화면을 보면서 내용을 이해하게 된다.

아이가 처음 한글TV 볼 때를 생각해보자. 처음부터 TV에 나오는 단어를 전부 이해하고 보는 아이는 없을 것이다. 우리말도 그렇게 조금씩 천천히 배운 것이다. 영어도 한글처럼 생각하면 된다.

오늘부터 디즈니 주니어를 보여주면서 한글 한 번, 영어 한 번 보기로 약속해보자. 아이가 이를 거부할 수도 있는데, 이 문제를 해결하는 것은 내 아이를 가장 잘 아는 엄마의 숙제다. (나는 영어TV 볼 때는 맛있는 간식을 주어 기분 좋게 볼 수 있도록 했다) 이 숙제 하나만 해결하고 나면 엄마표 영어가 한결 수월해질 테니 조금만 참고 노력해보자.

리틀 프린세스 소피아(Sofia the First)

★ 추천연령 : 3세 ~ 초저

아꼬몽에게 엄청난 사랑을 받았고, 엄마표 영어에도 크게 한 몫 했던 고마운 캐릭터다. 세 살부터 다섯 살까지 한글과 영어를 번갈아가며 시청했고, 여섯 살부터는 영어로만 시청했다. 말이 좀 빠르긴 했지만 충분히 반복했기 때문에 영어로만 볼 때 자연스럽게 올라탔다. 이렇게 아이가 푹 빠져 오랫동안 볼 수 있는 캐릭터를 만난다는 건 참 감사한 일이다.

보안관 칼리의 서부 모험(Sheriff Callie's Wild West)

★ 추천연령 : 3세 ~ 초저

지금도 주제곡이 귓가에 선한 보안관 칼리. 아꼬몽 다섯 살 때 한글과 영어를 번갈아 보여주었고 여섯 살부터는 영어로만 시청했다.

주인공인 칼리는 고양이고 서부의 질서와 평화를 지키는 보안관이다. 어려움에 처한 친구들을 구해주는 멋진 모습과 악당을 물리치는 통쾌한 모습까지 아꼬몽은 한동안 칼리 홀릭이었다. 이야기 중간에 노래를 부르는데 그 노래들도 정말 좋아했다.

꼬마의사 맥스터핀스(Doc McStuffins)

★ 추천연령 : 3세 ~ 초저

역시나 주제곡이 엄마인 나의 귓가에도 맴도는 꼬마의사 맥스터핀스. 얼마나 자주 보고 열심히 봤을까. 맥스터핀스의 엄마는 의사다. 그래서인지 맥스터핀스는 의사놀이를 좋아한다. 어른들이 사라지면 장난감들이 살아나고, 매일 고장난 장난감을 고쳐주는 꼬마의사 맥스터핀스. 한창 장난감을 좋아하는 아이들에게 상상의 나래를 펼쳐주었다. 칼리처럼 다섯 살 때는 한글과 영어를 번갈아 보았고, 여섯 살부터 영어로만 시청했다. 열 살이 된 지금까지도 한 번씩 보여주면 잘 보는 DVD다.

헨리 허글몬스터(Henry Hugglemonster)

★ 추천연령 : 3세 ~ 초저

헨리 허글몬스터는 허글몬스터 가족을 중심으로 괴물마을에서 일어나는 다양한 사건사고를 다룬 애니메이션이다. 무섭고 오싹한 몬스터 이야기가 아니다. 괴물이 무섭지 않게 귀엽고 친근하게 그려졌다. 특히, 캐릭터도 배경도 밝고, 주제곡도 경쾌하다.

몬스터라는 주제로 아이들의 흥미를 끌고, 다양한 이야기로 재미와 교훈을 준다.

투모로우 나라의 마일스
(Miles From Tomorrowland)

★ 추천연령 : 3세 ~ 초저

아꼬몽 일곱 살에 가족여행으로 세부를 갔다. 리조트에서 저녁이면 디즈니 주니어를 시청했는데, 처음보는 애니메이션이 있었다. 바로 '투모로우 나라의 마일스'와 '리나는 뱀파이어'였다. 세부에서 재미나게 본 후 아쉬움이 있었는데, 얼마 지나지 않아 IPTV(BTV)를 통해 볼 수 있었다. 마일스가 가족과 함께 우주모험을 하는 이야기인데 미래와 우주라는 새로운 주제로 아이들이 재미있게 시청했다.

리나는 뱀파이어(Vampirina)

★ 추천연령 : 3세 ~ 초저

리나는 트란실바니아에서 이사 온 꼬마 뱀파이어. 뱀파이어 가족과 인간 친구들 사이에서 일어나는 재미난 일상이 그려진 이야기다.

아꼬몽에게는 일곱 살 세부여행에서 보고 못 보았던 애니메이션. 많이 아쉬워했는데 여덟 살에 우리나라 디즈니주니어를 통해 볼 수 있었다. 한창 뱀파이어, 몬스터에 관심을 보일 때 보여주면 좋다.

아발로 왕국의 엘레나(Elena of Avalor)

★ 추천연령 : 3세 ~ 초저

'리틀 프린세스 소피아'를 졸업한 후 아꼬몽 여덟 살에 만난 엘레나 공주. 이제 자라서 형님이 된 아이들은 소피아는 동생들이 보는 만화라고 생각했다. 새로워서일까 아니면 여덟 살에 만나서일까. '아발로 왕국의 엘레나'는 열 살이 된 지금도 잘 보는 애니메이션이다. 그런데 캐릭터를 보면 바로 이해가 간다. 소피아는 꼬마 공주이고, 엘레나는 청소년 느낌이다. 소피아처럼 엘레나도 스스로 문제를 해결해 나가는 멋진 공주다.

바다탐험대 옥토넛(OCTONAUTS)

★ 추천연령 : 3세 ~ 초저

워낙 유명한 디즈니의 애니메이션. 아꼬몽 다섯 살에 처음 TV에서 봤는데 당시에 한글로만 나왔다. 아이들이 잘 봐서, 바다생물에 대한 다양한 지식을 얻을 수 있을 것 같아 보여주고 싶었지만 한글만 나와서 몇 번 보여주다 내려놓았다.

여덟 살에 우연히 도서관에 영어DVD가 있어서 대출했다. 아꼬몽은 신나서 한동안 열심히 보고 안녕했다. 좀 더 어려서 봤으면 엄청 반복했을 DVD.

제이크와 네버랜드 해적들
(Jake and the Never Land Pirates)

★ 추천연령 : 3세 ~ 초저

제이크는 해적섬에 살면서 버키호를 타고 네버랜드를 탐험한다. 보물 탐험을 좋아하고 자신감과 용기가 넘치는 제이크가 꼬마해적들과 함께 악당 후크 선장을 물리치고 다양한 문제를 해결하는 이야기다. 피터팬이 제이크로 바뀌었다고 보면 될 것 같다. 아꼬몽은 일곱 살에 처음 봤고, 영어로만 TV를 보던 때라 영어로만 시청했다.

출동! 파자마 삼총사(PJ Masks)

★ 추천연령 : 3세 ~ 초저

세 명의 소년 소녀 슈퍼영웅 파자마 삼총사가 밤마다 악당들을 물리치는 히어로물이다. 낮에는 평범한 일상을 살아가는 아이들이 밤이 되면 영웅으로 변신해 악당에 맞서 싸우면서 도시의 평화를 지키는 내용이다.

아꼬몽 여덟 살쯤에 처음 봤고, 몇 번 시청한 후 더 이상 보지 않았다. 조금 더 일찍 만났으면 잘 보았을 텐데 하는 아쉬움이 남는 애니메이션이다.

만능 수리공 매니(Handy Manny)

★ 추천연령 : 3세 ~ 초저

멕시코 마을을 배경으로 만능 수리공 매니와 말하는 공구 친구들의 재미있는 일상 이야기. 망치 캐릭터 팻과 드라이버 펠리페, 투덜이 드라이버 터너와 모성애가 강한 톱 더스티 등 거칠다고 생각한 공구들을 재미있고 즐거운 친구들로 묘사한다. 마을에 문제가 발생하면 공구 친구들과 함께 고민하고 해결해 나간다.

하이호! 일곱 난쟁이(The 7D)

★ 추천연령 : 7세 ~ 초등

《백설 공주와 일곱 난쟁이》의 일곱 난쟁이를 재해석해 만든 애니메이션. 일곱 난쟁이가 가상의 왕국인 졸리우드에서 악당 글룸들과 맞서 백설 공주가 아닌 기쁨여왕(queen delightful)을 돕는다. 아꼬몽은 일곱 살쯤 BTV를 통해 무료로 시청했고, 한동안 7D에 푹 빠져 지냈다. 물론 열 살이 된 지금까지도 한 번씩 보여주면 잘 보는 이야기다.

멋쟁이 낸시 클랜시(Fancy Nancy) ————

★ 추천연령 : 3세 ~ 초저

프랑스를 배경으로 한 멋쟁이 꼬마 아가씨 낸시 클랜시의 이야기. 세계적으로 유명한 책인 《팬시 낸시(Fancy Nancy)》를 원작으로 한다. 낸시는 예쁘고 화려한 것을 좋아하면서도 아는 것도 많고 생각이 깊다. 이렇게까지 화려할 수도 있구나 하는 생각과 좋아하는 것을 당당하게 표현하는 모습이 참 예쁘다. 아꼬몽이 소피아 공주를 볼 나이에 봤다면 분명 좋아했을 애니메이션이다.

왕실탐정, 미라(Mira, Royal Detective) ————

★ 추천연령 : 3세 ~ 초저

인도를 배경으로 한 왕실탐정 미라의 이야기. 닐 왕자를 구한 후 잘푸르 왕실탐정으로 임명된 용감하고 정의로운 소녀 미라. 왕실에서 벌어지는 다양한 문제를 해결해 나가는 이야기가 흥미진진하다.

또 미라에 나오는 캐릭터들의 의상과 음악, 댄스 등으로 인도의 문화를 느껴볼 수 있다.

꼬마 로켓티어(The Rocketeer)

★ 추천연령 : 3세 ~ 초저

키트라는 여자아이가 헬멧과 로켓팩으로 '로켓티어'로 변신한다. 어린이용 히어로물이라고 해야 할 것 같다. 마을에 어려운 일, 위험한 일이 발생할 때마다 키트는 로켓티어로 변신해 해결한다. 공상과학과 히어로를 좋아하는 아이들에게 보여주면 좋을 듯하다. 정말 꾸준히 새로운 애니메이션을 만들어주는 디즈니 주니어가 고맙다.

♣ 아이가 디즈니 캐릭터에 푹 빠졌다면 영어책과 연결해주기

단행본

Sofia the First S Is for Sofia

The Octonauts and The Growing Goldfish

Reading Adventures Disney Princess Level 1 : 리더스북

Paperback 10권 = 8,000원 전후

한 페이지에 1~2줄의 간단명료한 문장으로 구성되어 있어 엄마가 읽어주기에 부담이 없다. 반복되는 문장과 쉬운 단어로 아이 스스로 영어책 읽기를 할 때도 활용할 수 있다.

World of Reading Disney 시리즈 : 리더스북

Step into Reading 시리즈 : 리더스북

리틀아인슈타인(Little Einsteins)

★ 추천연령 : 3세 ~ 7세

빨간 로켓을 타고 다니며 전 세계를 여행하는 리틀 아인슈타인 친구들. 세계 곳곳을 여행하면서 클래식을 재미있게 소개한다. 아꼬몽 세 살에 재미있게 봤고, 아이만 잘 본다면 정말 교육적으로 너무나 좋은 영어DVD다.

티모시네 유치원(Timothy goes to school)

★ 추천연령 : 3세 ~ 7세

아이들이 유치원에서 겪는 여러 가지 일들과 거기서 느끼는 교훈을 담고 있다. 1집과 2집이 있는데, 1집만 구입했다. 아이들이 네 살에 참 좋아했는데 2집은 사주지 못했다. 영어DVD는 아이들이 잘 볼 때 빨리 사두는 것이 좋다. 바쁘다고 미루다 보니 세월이 흘러 안 볼 나이가 되어버렸다.

맥스앤루비(Max and Ruby)

★ 추천연령 : 3세 ~ 7세

장난꾸러기 동생 맥스와 자상하면서도 현명한 누나 루비 남매의 이야기. 티격태격하면서도 부모의 도움 없이 스스로 문제를 해결하며, 서로를 배려하고 존중하는 남매의 모습이 보기 좋다. 아꼬몽 네 살에 IPTV(BTV)를 통해 한동안 무료로 재미나게 시청했다.

스트로베리 쇼트케이크(Strawberry Shortcake)

★ 추천연령 : 3세 ~ 7세

긍정적이고 활력 넘치는 소녀 스트로베리와 친구들이 딸기밭을 가꾸며 겪는 모험과 세상을 배워가는 이야기. 아꼬몽 네 살에 보여주었는데 처음에는 케이크와 여자아이들 이야기라 잘 봤다. 그러나 네 살에 보기에는 말이 좀 빠른지 많이 반복하지는 못했던 DVD다.

찰리와 롤라(Charlie and Lola)

★ 추천연령 : 3세 ~ 7세

찰리와 롤라 남매의 이야기. 대부분의 아이들이 좋아
한다고 해서 아꼬몽 다섯 살에 구입했는데, 이상하게
도 반응이 보통이었다. 결국 구입했던 DVD를 한 번
반복하고는 다시 보지 않았던 DVD. 역시 좋아하는
DVD도 아이마다 다르다는 것을 배웠고, 그 이후로 되도록 샘플 영상을 보
여준 후 구입했다.

밀리, 몰리(Milly, Molly)

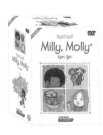

★ 추천연령 : 3세 ~ 8세

외모는 다르지만 둘도 없는 친구, 밀리와 몰리. 작은
마을에 사는 두 소녀의 모험을 그리고 있다. 따뜻한
이야기들로, 추천하는 영어DVD이기도 하다.
아꼬몽 다섯 살에 정말 좋아했던 밀리 몰리~! 둘이서
깔깔대며 재미있게 보았다. 그렇게 6세까지는 종종 봤지만, 7세부터는 더
이상 보지 않았다.

립프로그(Leap Frog)

★ 추천연령 : 3세 ~ 8세

파닉스를 마스터할 수 있다고 해서 구입했던 DVD. 아꼬몽 다섯 살에 잠깐 보여줬는데, 너무 학습적이어서 그런지 반복하지 못했다.

역시나 유명하지만 아꼬몽은 별로 안 좋아했다. 구성 중에 어떤 DVD는 잘 봤고, 어떤 DVD는 잘 안 봤다. 파닉스와 문자 인지를 위해 아이가 좋아한다면 추천하는 DVD.

리틀베어(LITTLE BEAR)

★ 추천연령 : 3세 ~ 8세

다정하고 호기심 많은 꼬마 곰과 숲속 친구들의 이야기. 아꼬몽 다섯 살에 보여주었는데, 너무 잔잔한지 한두 번 반복하고는 다시 보지 않았다. 그런데 여덟 살이 되어 다시 보여줬더니, 재미있다며 한동안 신나서 봤다. 가끔은 이렇게 좀 더 커서 잘 보는 영어 DVD도 있다.

마마미라벨 동물극장
(Mama Mirabelle's Home Movies)

★ 추천연령 : 3세 ~ 8세

아프리카 사바나에서 엄마 코끼리 미라벨과 어린 동물친구들이 생활하면서 벌어지는 재미난 이야기. 다양한 동물의 실사로 동물과 자연을 좋아하는 아꼬몽이 재미있어 할 줄 알고 다섯 살에 구입했는데, 몇 번 보고 말았다. 살짝 다큐멘터리 느낌(?!)으로 샘플 영상을 보여주고 구입하면 좋을 것 같다.

수퍼와이(Super WHY)

★ 추천연령 : 3세 ~ 8세

립프로그처럼 영어 읽기를 위해 만들어진 DVD. 아꼬몽 다섯 살에 유튜브로 영상을 보여줬을 때 잘 봤다. 하지만 유튜브의 단점으로 몇 번 노출하다가 그만두었다. 바쁘다는 핑계로 미루다가 여섯 살에 DVD를 구입해 보여주었지만 재미없다며 보지 않았다. 결국, 구입을 미루다 시기를 놓친 아쉬운 영어DVD.

무지개물고기(The Rainbow Fish)

★ 추천연령 : 3세 ~ 8세

워낙 유명한 베스트셀러를 원작으로 한 애니메이션으로 아꼬몽이 좋아할 줄 알고 다섯 살에 구입했는데, 큰 호응을 얻지 못했다. 엄마인 나는 내용도 재미있고 좋았는데, 아꼬몽은 한두 번 반복한 후로 보지 않았다. 역시 영어DVD는 샘플 영상을 보여준 후 구입해야 한다.

꼬마과학자 시드(SID the Science KID)

★ 추천연령 : 5세 ~ 초저

엉뚱하고 발랄한 신나는 과학이야기다. 과학적 개념을 재미있게 풀어내는 영어 DVD로, 아이가 잘 본다면 교육적으로 좋은 DVD다.

아꼬몽은 여섯 살에 구입해 보여주었는데 당시에는 잘 안 봤고, 여덟 살이 되어 재미있게 봤다. 노래부분도 재미있고, 시드가 좀 웃기는 캐릭터라 아이들이 좋아했다.

피터팬(PETER PAN)

★ 추천연령 : 5세 ~ 초저

여섯 살 초반, 아꼬몽에게 "한 번 보고 재미없으면 보지 말자" 라고 말하고 보여주었는데, 재미있다며 열 장의 DVD를 한 달 동안 무한 반복했다. 대사 속도가 좀 빠르고 어려운 단어도 있었는데 재미에 빠져 신경쓰지 않았다. '큐리어스 조지'와 함께 아꼬몽이 영어로만 TV를 볼 수 있게 한 우리 집 일등공신 DVD.

닥터수스(THE CAT IN THE HAT)

★ 추천연령 : 5세 ~ 초저

베스트셀러 작가 닥터수스의 자연과학 애니메이션. 닉과 샐리에게 궁금한 것이 생기면 고양이 캣이 나타나 마법 비행기를 타고 환상의 과학여행을 떠난다. 닥터수스가 왜 그리 인기가 많은지 DVD를 보고 알았다. 아꼬몽 여섯 살에 구입해서 한동안 신나게 반복했고, 일곱 살까지 보고 졸업했다.

안젤리나 발레리나(Angelina Ballerina)

★ 추천연령 : 5세 ~ 초저

프리마돈나의 꿈과 열정을 가진 생쥐소녀 안젤리나 발레리나. 상상력이 풍부하고 혈기왕성한 성격으로 좌충우돌 유머와 웃음을 주는 사랑스러운 소녀.

아꼬몽 여섯 살에 구입했고, 잔잔하면서도 아기자기한 이야기들이 재미있다. 한동안 열심히 봤고, 여덟 살 이후로 몇 번 더 보고 졸업했다.

벤과 홀리의 리틀킹덤
(Ben and Holly's Little Kingdom)

★ 추천연령 : 5세 ~ 초저

작은 왕국에서 일어나는 엘프 벤과 요정 홀리의 이야기. 아꼬몽이 싫증을 너무 빨리 느꼈던 페파피그 제작진이 만들었다고 해서 고민했다. 그러나 일곱 살 아꼬몽의 반응은 폭발적! 보고 또 보고 수없이 반복했다. 너무 좋아한 나머지 아몽이는 가스통이라는 무당벌레를 직접 그리기도 했다.

베렌스타인 베어즈(The Berenstain Bears)

★ 추천연령 : 6세 ~ 초저

화목한 곰돌이 가족의 일상과 귀여운 곰돌이 남매의 재미난 학교생활 이야기. 일상 영어와 미국 문화의 이해 그리고 잔잔한 웃음과 감동이 있다. 아꼬몽 일곱 살에 구입해서 재미있게 봤고, 그 이후로도 가끔씩 꾸준히 보고 있다.

모나더뱀파이어(MONA the VAMPIRE)

★ 추천연령 : 6세 ~ 초저

명랑하고 쾌활한 성격을 가진 열 살의 호기심 많은 소녀 모나. 마을에 수상한 사람이 나타나거나 이상한 일이 벌어지면 거실 커튼을 두르고, 장난감 송곳니를 물고, 뱀파이어로 변신한다.

아꼬몽 일곱 살에 1집을 구입해서 재미있게 봤고, 2집은 유튜브로 봤다. 열 살인 지금까지도 종종 보고 있다.

삐삐롱 스타킹(Pippi Long Stocking)

★ 추천연령 : 6세 ~ 초저

어릴 적 내가 좋아했던 삐삐. 내가 본 건 세월이 흘러 화질이 안 좋아 보여 애니메이션으로 구입했다. 일곱 살 아꼬몽은 재미나게 봤고 한동안 반복해서 보았지만, 아이들에게는 나와 같은 추억은 생기지 않았다. 내가 생각해도 요즘은 워낙 재미있는 DVD가 많으니 당연한 것 같다.

마이리틀포니(my Little PONY)

★ 추천연령 : 6세 ~ 초저

활발하고 호기심 많은 트와일라잇과 친구들의 이야기. 공주와 핑크를 좋아하는 아꼬몽에게 대박을 예상하고 숨겨두었던 DVD.

그러나 예상과 달리 여섯 살 아꼬몽은 한 번 보고는 재미없다며 안 봤다. 그런데 여덟 살에 다시 보여주었더니 너무 재미있단다. 여덟 살부터 열 살 현재까지도 한 번씩 반복해서 보고 있다.

트럭타운(TRUCKTOWN)

★ 추천연령 : 6세 ~ 초저

개성 있는 캐릭터들의 유쾌하고 환상적
인 모험이야기. 아이가 자동차를 좋아한
다면 추천하고 싶은 DVD.

아꼬몽은 여자아이들이라 안 보여주었

다. 그러다 여덟 살에 도서관에서 대출해 보여주었는데, 한동안 재미있게
반복해서 보았다. 조금 더 어렸을 때 보여주었으면 좋았을 것 같다.

형사 가제트(INSPECTOR GADGET)

★ 추천연령 : 6세 ~ 초저

온몸에 각종 특수장치가 내장된 로봇형사 가제트
의 좌충우돌 유쾌한 모험담. 역시나 엄마인 나의
추억의 애니메이션. 어린 시절 재미있게 봤던 추
억으로 아꼬몽 여덟 살에 보여주었다. 처음에는

재미있다며 즐겁게 보았고 아홉 살까지 가끔 보았다.

개구쟁이 스머프(The Smurfs)

★ 추천연령 : 7세 ~ 초등

랄랄라 랄라~ 스머프의 주제곡이 지금도 기억난다. 추억의 스머프를 아꼬몽 여덟 살에 동네 도서관에서 발견했다. 도서관에 영어책과 DVD가 조금이지만 늘어나고 있어 감사하다. 덕분에 아이들이 스머프를 재미있게 보았고, 열 살인 지금까지도 한 번씩 대출해 반복해서 보고 있다.

제로니모 스틸턴(Geronimo Stilton)

★ 추천연령 : 7세 ~ 초등

뉴 마우스 시티에서 The Rodent's Gazette이라는 신문사를 운영하는 주인공 제로니모와 모험심 강한 친구들의 다양한 모험 이야기.

초등학생이 된 아꼬몽은 뱀파이어, 몬스터, 악동, 탐정 등 새로운 애니메이션을 보고 싶어 했다. 여덟 살에 보여주었더니 너무 재미있다며 한 번씩 반복하고 있다.

남자아이들을 위한 DVD 시리즈

까까똥꼬 시몽(Simon)

★ 추천연령 : 3세 ~ 7세

프랑스의 '맥스앤루비'라 불리우는 '까까똥꼬 시몽' 시리즈는 원색의 강렬한 그림, 단순한 캐릭터, 복잡하지 않은 장면 구성으로 아이들의 시선을 집중시킨다. 개구쟁이 두 형제의 재미난 이야기로, 남자아이들의 흥미를 끌기에 좋고, 영어책과 연계가 가능하다.

꼬마거북 프랭클린(Flanklin and Friends)

★ 추천연령 : 3세 ~ 7세

호기심 많은 꼬마거북 프랭클린과 친구들의 유쾌한 우정 이야기. 가족과 친구들 간의 일상에서 일어나는 이야기로, 아이들이 공감하기 쉬운 다양한 문제들을 때론 야무지게, 때론 감동 있게 해결해간다. 전 세계 베스트 아동 도서 《Flanklin the Turtle books》가 원작이다.

출동! 소방관 샘(Fireman Sam)

★ 추천연령 : 3세 ~ 초저

샘 아저씨는 불이 나거나 응급 환자가 발생하면 언제든지 달려가 어린이를 구해주는 소방관이다. 아이들이 실생활에서 꼭 숙지해야 할 안전 수칙은 물론 화재예방에 대한 지식까지 다양한 에피소드를 통해 재미나게 알려주는 애니메이션이다.

밥 더 빌더(Bob the Builder)

★ 추천연령 : 3세 ~ 초저

자동차와 중장비를 좋아하는 아이라면 무조건 즐겨본다는 '밥 더 빌더'. 포크레인부터 불도저, 덤프트럭 등 다양한 건설 장비들을 의인화하고 다양한 이야기로 아이들의 흥미를 유발한다. 책도 있으니 아이가 좋아한다면 영어책까지 함께 볼 수 있다.

퍼피 구조대(Paw Patrol)

★ 추천연령 : 3세 ~ 초저
구조대장인 라이더와 엉뚱 발랄 여섯 마리의 강아지 구조대원들이 힘을 모아 사건을 해결해나가는 애니메이션이다. 구조대 이야기라 남자아이들만 좋아할 것 같지만 여자아이들에게도 인기가 꽤 있다. 파닉스북과 리더스북이 있으니 아이가 좋아한다면 영어책까지 함께 볼 수 있다.

출동! 슈퍼윙스(SUPER WINGS)

★ 추천연령 : 3세 ~ 초저
아꼬몽 다섯 살에 한글로 몇 번 시청했다. 아이들이 좋아했지만 당시에는 영어 버전이 있는 줄 몰라 보여주지 못했던 아쉬운 애니메이션이다. 세상에서 가장 빠른 택배 비행기 호기, 전 세계 친구들에게 물건을 배달하고 문제를 해결해주는 이야기로 다양한 세계문화와 언어도 체험해볼 수 있다.

트리푸톰(Tree Fu Tom)

★ 추천연령 : 3세 ~ 초저

주인공 톰이 친구들과 함께 숲속 마을 트리토 폴리스에서 벌어지는 여러 가지 일들을 트리 푸매직과 다양한 방법으로 해결해나가는 이 야기. 모험과 환상의 성장스토리로, 주인공 톰이 트리푸 마법주문을 외울 때 동작이 재미 있어 남자아이들의 흥미를 끌기 좋다.

아이언맨(Iron Man)

★ 추천연령 : 7세 ~ 초등

어린이를 위한 아이언맨 애니메이션으로, 마블시리즈를 좋아하는 아이들에게 추천 한다. 주인공 토니가 10대 청소년의 새로운 모습으로 등장한다. 슈퍼히어로들이 차례 로 등장해서 볼거리도 풍부하며, 흥미진진 한 스토리로 인기 시리즈다.

003

· ·

책 좋아하는
아이에게는
영어책도 책일 뿐

엄마표 영어를 시작해야 할지 말지,
언제 어떻게 시작해야 할지 몰라 머뭇거린다면
우선 한글책을 많이 읽어주면 된다.

한글책을 좋아하는 아이들은 영어를 습득하고 나면
영어책도 즐겁게 읽어낸다.

이 아이들에게 중요한 것은
한글책이냐 영어책이냐가 아니라
책 그 자체이기 때문이다.

딱 하나만
선택해야 한다면

　어느 덧, 꼬물꼬물 쌍둥이가 초등학교 3학년이 되었다. 생후 6개월부터 조금씩 책을 읽어주었더니 책을 좋아하는 아이로 잘 자랐다. 하루 종일 놀다 책보다, 책보다 놀다를 무한반복하고 한글책과 영어책을 자유롭게 넘나든다. 장구, 리코더, 피아노, 오카리나를 연주할 수 있고, 소리가 아름답다며 우쿨렐레를 추가로 배우고 싶어 한다. 그림 그리기, 태권도, 요리도 좋아하는 쌍둥이. 이 모든 활동은 하루 종일 마음껏 뛰어노는 가운데 틈틈이 이루어진다. 누가 시켜서 하는 것이 아니라, 그저 재미로 스스로 즐기며 한다.

　이렇게 나열해보니 10년이라는 세월 동안 이룬 것이 꽤 많다. 누군가는 이 많은 걸 꼭 엄마가 해주어야 하는 거냐고, 너무 힘든 길이 아니냐고 말할 수도 있다. 하지만 하나하나 짚어보면 이 모든 것은 하루

아침에 이루어진 게 아니다. 그저 길고 긴 유년시절의 넉넉한 시간 동안 조금씩 꾸준히 진행했을 뿐이다. 영어로 예를 들어보자. 엄마인 우리도 매일 30분씩 영어책을 읽고 1~2시간씩 영어TV를 본다면, 무엇보다 그 내용이 너무너무 재미있다면, 그렇게 10년을 보낸다면 어떻게 될까? 당연히 영어를 잘하게 될 것이다. 결국 유년시절이라는 넉넉한 시간을 잘 활용하면, 티끌을 모아 태산을 만들 수 있다.

물론, 집집마다 처한 환경이 다르고, 아이마다 부모마다 성향이 다르니 우리 집처럼 하는 것이 어려울 수도 있다. 그래서 누군가는 너무 힘들어서, 시간이 정말 부족해서 이렇게는 못하겠다고 말할 수도 있다. 그러면 나는 육아선배로서 안타까운 마음에 해주고 싶은 말이 있다. 아이들의 기본 권리인 놀이를 제외하고 학습적인 부분에서 딱 하나, 책을 선택하라고 말이다. 마음 편하게, 느긋하게 가장 중요한 것을 선택해서 진행하면 된다.

아이 인생에 가장 큰 선물, 책을 평생친구로

영화 한 편을 처음부터 끝까지 다 보았을 때와 줄거리만 읽었을 때 느끼는 감동은 하늘과 땅 차이다. 바로 책과 교과서가 그런 관계다. 교과서는 책을 요약해놓은 것이다. 그래서 교과서만 보고 학문의 즐거움을 깨닫기란 쉬운 일이 아니다. 책이 재미있어 책을 많이 읽은 아이들은 이해력이 높고, 어휘력도 풍부하다. 수많은 책을 통해 다양한 지식도 갖고 있다. 그러니 책을 좋아하고 많이 읽은 아이가 학교 공부를 잘하는 것은 당연한 일인 것이다.

몇 년 전에 《믿는 만큼 자라는 아이들》의 저자 박혜란님의 강의를 들은 적이 있다. 세 아들을 서울대에 보낸 비법이 무엇이냐고 묻는다면 없다고, 그런 답을 듣기 위해서 이 자리에 오신 분이 계시면 돌아가 달라고 말씀하셨다. 정말 아무것도 없다고 말씀하시면서 한 가지 강조한 것이 있었다. 바로, 책을 좋아하는 아이로 키우라는 것이었다. 초등학교 때는 책을 읽지 않은 아이도 좋은 성적을 거둘 수 있지만, 중학교에 올라가면 책을 많이 읽은 아이를 쫓아갈 수가 없다는 것이었다. 그러니 아이가 책을 좋아하게 그래서 책을 많이 읽을 수 있게 하라고 조언하셨다.

어쩜 딱 나의 이야기였다. 초등학교 때 제법 공부 잘한다는 소리도 들었고, 중학교에 올라가 아이큐가 높다는 검사 결과도 받았지만, 중학교 때부터 원하는 성적이 나오지 않았다. 고등학교에 올라가서는 어떻게 공부해야 하는지 몰랐고 성적도 점점 더 떨어졌다. 노력도 부족했지만 책이라곤 읽어본 적 없는 아이였기에 당연한 결과였다.

책은 공부에만 도움이 되는 것이 아니다. 길고 긴 아이의 인생에서 때로는 선배가 되어 지혜를 주고, 때로는 친구가 되어 위로를 해줄 것이다. 인간은 누구나 살다 보면 고민이 찾아온다. 어쩌면 인생이란 고민의 연속일지도 모르겠다.

내 인생을 돌이켜보면, 사춘기 때는 '인간은 무엇인가' '나는 커서 어떤 사람이 될까' '지금처럼 공부하면 안 될 것 같은데 어떻게 해야 할까' 등의 고민을 했다. 대학교 때는 '취업을 할 것인가, 공부를 더 할 것인가' '앞으로 어떻게 살아야 할까' 등에 대해 고민했다.

이렇게 세월이 흘러 아쉬운 점이 있다면 그 수많은 질문에 답을 해줄 수 있는 가장 좋은 벗이 책이라는 걸 몰랐다는 것이다. 책을 읽으며, 생각하며 답을 찾아갔어야 했다. 하지만 나는 책을 읽을 줄 몰랐다. 대학시절 그저 수많은 고민을 친구와 나누며 술을 마시기도 하고 밤을 새기도 했다. 물론 이런 시간들이 다 헛된 것만은 아니다. 하지만 너도 모르고 나도 모르는 처지에 지혜를 나누었다기 보다는 서로 하소연을 하며 위로했던 것 같다.

"인생은 짧지만 지식은 길다. 기회는 순식간에 지나가는데, 경험은 믿을 수 없고 판단은 어렵기만 하다."

히포크라테스의 말이다. 이 글을 읽는 순간 '나에게만 어려운 것이 아니었구나, 나만 이렇게 판단이 어려운 것이 아니었구나' 하고 깜짝 놀랐다. 세상 많은 일을 경험하고 지혜를 얻으면 좋겠지만 우리에게 주어진 시간과 장소에는 한계가 있다. 모두 다 경험할 수 없다. 마찬가지로 내 아이에게 많은 지혜를 알려주고 싶지만, 내가 가진 지혜도 적고 무엇보다 평생을 아이 곁에 있어줄 수도 없다.

시간과 장소의 한계를 뛰어넘어 지혜를 얻을 수 있는 가장 좋은 길은 독서다. 역사는 반복된다. 우리가 하고 있는 수많은 고민은 이미 앞서 인생을 산 선배들도 했던 고민이다. 그리고 누군가는 그 고민을 지혜롭게 해결하고, 해결 방법을 책으로 남겼다. 그렇기에 아이를 잘 키우는 방법도, 공부를 잘하는 방법도, 다른 사람과 잘 어울리는 방법도 모두 책에 있다. 나는 이것을 아이 키우다 깨달았다. 어려서부터 책을 읽었다면 얼마나 좋았을까 하는 아쉬움은 있지만 후회는 하지 않는다. 지금이라도 깨달은 것에 감사한다. 그보다 쌍둥이에게는 어려서부터 책을 친구로 만들어주어야겠다고 생각했다.

입에서 단내가 날 때까지 읽어줬어요

내가 쌍둥이를 키우면서 잘한 점이라고 생각하는 것 중 하나가 있다. 바로 아이를 잘 키운 부모를 보면 체면불구하고 그 노하우를 물어보는 것이다. 학창시절에는 누군가 공부를 잘해도, 누군가 연애를 잘해도 물어본 적이 없다. 아마도 자존심 때문이었던 것 같다. 그런데 이상하게도 육아를 하면서 조금씩 조금씩 얼굴이 두꺼워지더니 이젠 육아선배(?!)를 만나면 질문과 경청이 계속된다.

쌍둥이 생후 6개월쯤이었다. 우연히 아는 분 자녀들이 책을 좋아하고 잘 읽는다는 이야기를 듣게 되었다. 그분의 자녀들은 초등학생이 둘, 중학생이 한 명이었다. 궁금했다. 나는 책이라고는 교과서 말고는 읽어본 적이 없는 사람이었기 때문에 더욱 더 그 세상이 궁금했다. 체면불구하고 어떻게 하면 그렇게 아이들이 책을 잘 읽을 수 있는지 여쭤보았다. "엄마 아빠가 입에서 단내가 날 때까지 읽어줬어요" 라는 대답이 돌아왔다.

집에 아이들 책이 많았고, 맞벌이 부부였고, 다섯 명의 가족이 모두 집으로 돌아오는 시간은 저녁 7시라고 했다. 퇴근 후 초등학교 1학년 막내아들이 책을 읽어달라고 하면 피곤한 몸이지만 원하는 만큼 엄마와 아빠가 번갈아가며 읽어준다고 했다. 첫째와 둘째도 모두 그런 식으로 키웠다. 그때는 내가 집에 있을 때라 맞벌이 부부가 일을 하고 돌아와 아이에게 책을 읽어주는 대목은 그냥 흘려들었다. 내가 워킹맘이 되어서야, 퇴근 후 아이가 원하는 만큼 책을 읽어주는 것이 얼마나 많은 노력이 필요한 일인지 깨닫게 되었다.

자녀 셋을 책 좋아하는 아이로 키운 그 분의 이야기를 듣고 바로 책을 구입했다. 하지만 그 분처럼 입에서 단내가 날 때까지 읽어주진 않았다. 당시 나에겐 그만한 체력과 여유가 없었다. 조금씩 꾸준히 읽어주려 노력하면서, 엄마인 나의 체력에 무리가 되지 않도록 유연하게 진행했다. 일이 있으면 못 읽어준 날도 있고, 컨디션이 좋으면 열 권 스무 권을 읽어준 날도 있다. 쌍둥이에게 처음 읽어주었던 책들은 모두 글의 양이 아주 적었기 때문에 열 권 스무 권을 읽어주어도 그리 힘들지 않았다.

10년이라는 세월 동안 아이를 키우며 주위를 둘러보니 책을 좋아하게 만드는 것은 아이가 어릴수록 수월했다. 좀 큰 아이들은 벌써 엄마가 책을 읽어주려고 하면 다른 곳으로 가버렸다. 책보다 더 재미있는 세상을 알아버렸기 때문이다. 그래서 되도록이면 한 살이라도 어릴 때, 뭐가 뭔지 잘 모를 때, 책을 조금씩 읽어주면 효과가 좋다.

그러니 내 아이가 가장 어린 오늘부터 조금씩 책을 읽어줘보면 어떨까? 아이가 기분 좋을 때, 아이가 원할 때, 아이가 원하는 만큼 읽어주기. 단, 엄마가 힘들면 아이가 원해도 그만 멈춰야 한다. 엄마의 체력은 소중하고 앞으로 날은 무수히 많으니까.

책은 장난감,
독서는 세상에서 가장 재미있는 놀이

스물다섯, 직장생활이 시작됐다. 고등학교를 졸업하고 그다음 순서로 대학을 갔듯이 대학을 졸업하고 그다음 순서는 취업이었다. 세상이 정해놓은 순서에 따라 살았다. 안정적인 직업을 갖고 결혼도 하고 아이도 낳았다. 남 보기에는 그럭저럭 잘사는 것처럼 보인다. 물론 애들 아빠를 만나고 쌍둥이와 함께하는 삶이 벅차게 행복하다. 하지만 한 번씩 마음 한구석에 헛헛함이 찾아오곤 했다. 무엇이 문제일까 곰곰이 생각해보았다. 집보다 더 많은 시간을 보내고 있는 직장, 그곳에는 내가 좋아하는 일이 별로 없었다. 그저 안정적이라고 친구 따라 강남 간 내 선택의 결과였다.

처음에는 내가 좋아하는 일이 무엇인지 몰라 그만두지 못했고, 그이후에는 경제적인 부분 때문에 그만두지 못하고 있다. 쌍둥이가 마음껏 노는 모습을 보면 뿌듯하면서도 한편으로는 부러웠다. 그래서 어느 날 그 예쁜 모습을 보며 다짐했다. 엄마도 꼭 좋아하는 일을 하며 신나게 살겠노라고. 그리고 글을 쓰기 시작했다.

직장생활로 육아와 가사로 힘들었지만 새벽마다 일어나 글을 썼다. 그 누구도 힘들게 살라고 한 적 없다. 그저 나 좋아서 하는 일이었다. 글을 쓰면 행복하니까. 쌍둥이는 일찌감치 좋아하는 일을 하며 즐겁게 살아가기를 바란다. 하고 싶은 것만 하고 살아도 모자란 것이 인생이니까. 그렇게 나의 모든 육아는 아이들이 좋아하는 것으로부터 시작했다.

엄마는 그저 아이의 뒤를 따라갈 뿐

쌍둥이 생후 6개월부터 책을 읽어주었다. 입에서 단내가 날 때까지 읽어주었다는 육아선배의 이야기를 듣고 조금씩 책을 구입해 읽어주었다. 어떤 책을 사야 할지 몰라 아이들의 나이에 맞는 자연관찰, 생활습관, 그림동화책을 구입했다. 처음에는 내가 읽어주고 싶은 책을 읽어주었고, 시간이 흐르면서 아이들이 직접 고른 책을 읽어주었다.

책을 읽어주면서 아이의 반응도 살펴보고 아이 스스로 선택하는 책이 어떤 책인지도 관찰했다. 좋아하는 책은 열 번이고 백 번이고 반복해서 읽어주길 원하는 반면에 어떤 책은 한두 번 읽고 또 읽어달라고 하지 않았다. 비싼 전집을 들여놓아도 아이가 좋아하지 않으면 먼지만 쌓여갔고, 아무리 저렴해도 아이가 좋아하면 읽고 또 읽었다. 결국 아이들은 스스로 좋아하는 책을 읽고, 또 그 책을 자연스럽게 반복한다는 것을 알게 되었다.

쌍둥이와 놀이터에 나가면 나는 늘 아이들의 뒤를 따라다녔다. 아이의 발걸음이 위험한 곳으로 갈 때만 관여했다. 왜 위험한지, 무엇이 위험한지 천천히 설명해 주었다. 아이의 발걸음을 따라가다 보면, 지금 아이의 관심사가 무엇인지 알 수 있어 좋았다. 그렇게 알게 된 관심사를 집에 돌아와 책과 연결시켜 주었다. 민들레, 강아지풀, 개미, 무당벌레, 강아지, 고양이 등 그 대상은 다양했다. 예를 들어 지나가던 강아지가 좋아 한참을 구경한 날이면 자연관찰 책 중에서 강아지를 골라 읽어주었다. 추가로 강아지가 나오는 그림동화책을 읽어주기도 했다.

재미나게 읽어준 후, 읽었던 책을 그냥 그 자리에 두는 날이 많았다. 거실에서 읽어주었으면 거실 바닥에, 안방에서 읽어주었으면 안방 바닥에 둔 것이다. 하루하루 시간이 갈수록 집안 곳곳에 책이 흩어져 있게 되었고, 흩어져 있는 책도 늘어갔다. 덕분에 아이들은 집안 곳곳을 돌아다니며 책을 수시로 보게 되었다.

쌍둥이는 하루 종일 책과 함께 생활했다. 하루 종일 책을 읽어주었다는 것이 아니다. 거실에 소파가 있듯이, 주방에 식탁이 있듯이 집안 곳곳에 책이 있는 풍경이 당연해진 것이다. 지나고 보니 책이 익숙해지는 단계였다. 엄마 품에서, 엄마의 목소리로 재미나게 읽었던 책이 쌓여 갈수록 익숙함을 넘어, 책을 통해 새로운 세상을 만나게 되었다. 이야 기가 재미있다는 것, 책을 통해 자신의 호기심이 해결된다는 것을 알게 된 것이다. 그렇게 쌍둥이의 세상에서는 책이 장난감이 되어버렸다.

저렴한 책이 더 유리한 이유

쌍둥이 어릴 적에 물려받을 책도 풍부한 재력도 없던 그 시절, 우리 부부는 저렴한 책을 사서 읽어주었다. 솔직히 그때는 많이 속상했다. 브랜드 전집이 왜 그렇게 좋아 보이는지 비싼 전집을 턱턱 사는 친구 들이 부러웠다.

속상해하는 나를 보며 아이 아빠는 "이 세상에 좋은 책, 나쁜 책은 없어. 비싼 책과 저렴한 책이 있을 뿐이야"라며 위로했다. 저렴해도 나쁘지 않다는 이야기였다. 어차피 못사는 책 바라보며 신세 한탄하 지 말고 저렴한 책이라도 열심히 읽어주자고 마음먹었다. 분유, 젖병, 기저귀, 장난감 모든 것이 두 배로 들어가는 쌍둥이 육아에 사치를 부 릴 여유는 없었으니까.

다행히 인터넷 쇼핑이 발달해 여기저기 검색해보니 구입할 수 있는 책이 꽤 있었다. 한 질, 두 질 조금씩 사서 읽어주었다. 때론 아이들과 뒹굴며, 때론 아이들을 재우며 일상 속에서 자연스럽게 읽어주었다. 힘든 쌍둥이 육아였지만, 내가 읽어주었던 책을 아이들이 스스로 꺼내어 그림이라도 보고 있으면 그렇게 신기하고 뿌듯할 수가 없었다. 그 조그마한 등이 얼마나 예쁘던지.

그런데 이상하게도 비싼 전집을 구입한 친구들의 아이들은 책을 별로 좋아하지 않았다. 왜 그럴까 궁금했다. 그래서 지켜보니 이유가 있었다. 한 친구는 비싼 브랜드 전집 한 질을 들여놓고는 아이가 책을 잘보지 않는다며 더 이상 책을 구입하지 않았다. 또 한 친구는 비싼 책이 혹여나 망가질까 두려워 아이에게 조심히 봐야 함을 강조했다. 아이가 책을 다 봤다 싶으면 책장에 가지런히 꽂아두었다. 실수로 책을 찢으면 아이는 꾸중을 들어야 했다. 한창 물고, 빨고, 찢고 싶은 아이들에게 그걸 못하게 하니 책은 불편한 존재가 되고 만 것이다. 또 진열된 책을 스스로 꺼내 읽기에 아이는 아직 어렸다.

그래서 나는 세 돌 전후의 아이를 둔 엄마가 첫 책으로 어떤 것을 사면 좋은지 물어오면 망설임 없이 저렴한 보드북 전집을 추천한다. 여기에는 세 가지 이유가 있다.

첫째, 가격이 저렴해 여러 질 구입도 어렵지 않다. 아이들이 책에 호기심을 갖고 좋아하다 보면 한 질 가지고는 부족하다. 한창 세상이 궁금한 아이의 호기심은 정말 다양한 분야로 뻗어나가기 때문이다. 또 생활동화, 전래동화, 자연관찰 등 여러 분야 책을 바닥에 흩어두면 아이도 다양한 분야에 호기심을 갖고 골고루 읽게 된다. 이유식 할 때 다양한 재료로 반찬을 만들어주는 것과 비슷한 원리다. 아직 인스턴트나 자극적인 음식을 맛보기 전에 야채, 과일, 고기 등 다양한 식재료를 맛보게 해주면 커서 골고루 먹을 확률이 더 높아지는 것처럼 말이다.

둘째, 저렴해서 물고 빨아도 크게 스트레스 받지 않는다. 안 그래도 비싼 브랜드 전집을 보드북 세트로 구입하면, 가격이 정말 비싸다. 그래서 엄마들은 이제 막 돌 지난 아가에게 보드북 보다 저렴한 양장본을 사준다. 하지만 처음부터 종이 전집을 구입해버리면 스트레스가 이만저만이 아니다. 아가들은 보통 서너 살까지도 물고 빨고 찢기 때문이다. 그저 성장하는 과정인데 책을 찢으면 엄마한테 혼이 난다. 혼나고 나면 책을 잘 만지지 않게 되고, 결국 책과 친구가 될 수 있는 좋은 기회를 놓쳐버리게 된다.

반면에 저렴한 보드북은 아이들이 물고 빨아도, 아이들이 먹을거리를 잔뜩 묻혀도, 물휴지로 손수건으로 쓰윽 닦아내면 그만이다. 그래서 나는 아이들이 이유식을 먹을 때 보드북을 읽어주었다. 영화에 빠져 어느 순간 팝콘을 다 먹어버리는 것처럼, 엄마가 읽어주는 보드북에 한눈이 팔려 쌍둥이는 이유식도 잘 먹었다. 일석이조였다.

셋째, 저렴한 보드북은 장난감이 되어준다. 집안 여기저기에 흩어져 있는 책을 수시로 보면서 책이 친근해진 쌍둥이는 때론 책을 빨기도 했고, 때론 장난감처럼 밀고 다니며 가지고 놀았다. 책을 한참 빨다가 알록달록 그림에 눈길이 가면 책장을 넘기며 보았다. 책을 바닥에 밀고 다니다 책 속 그림이 궁금해지면 그 자리에 주저앉아 책을 보았다. 책으로 집짓기 놀이를 하다가 관심이 가서 그림을 한참 동안 보기도 했다. 그렇게 저렴한 보드북은 장난감이 되어주었고, 아이들은 책을 좋아하는 아이로 자랐다.

어릴 적부터 책을 장난감처럼 느낀 쌍둥이는 열 살이 되어서도 놀다가 수시로 책을 보고, 책을 보다가도 논다. 책이 너무너무 재미있어서 5분만 더, 10분만 더 하면서 잠자리에 드는 것을 미루기도 한다. 심심할 때면 책을 분류별로 쌓아보고, 색깔별로 분류도 해보고 책으로 집을 짓기도 했다. 그렇게 놀다가 책에 호기심이 생기면 또 잠시 앉아서 책을 읽었고, 그 책을 다 읽으면 다시 놀이를 이어갔다. 쌍둥이에게는 장난감과 책의 경계가 없다. 어려서부터 책은 장난감이고 독서는 놀이였으니까.

브랜드 전집이 나쁘다는 것이 아니다. 인지도가 높은 만큼 내용이 더 좋을 수 있다. 좀 더 화려하고 멋진 그림으로 아이들을 유혹할 수도 있다. 하지만 '달님 안녕!', '친구야 미안해!', '엄마 사랑해요!' 처럼 간단한 일상생활을 알려주고, 낙타는 혹이 두 개 있고 사자는 무리지어 살고 호랑이는 혼자 살고처럼 자연에 대해 호기심을 갖게 하는데 꼭 비싼 전집이 필요한 걸까. 망가져도, 아이가 실컷 갖고 놀아도, 본전 생각 나지 않는 저렴한 보드북을 구입해서 아이들과 함께 신나게 놀아보면 어떨까.

잠자리 독서의
위대함

아이가 잠투정이 심해서 업어 재우거나 안아서 재우느라 고생하는 엄마들이 참 많다. 꼬몽이는 순둥이처럼 혼자 손등을 빨다가 잠이 들었지만, 아몽이는 참 까다로운 아이였다. 아기 때 하도 까다로워서 배 위에 올려놓고 재운 적도 있고 한 시간을 안아 재운 날도 있다. 꼬몽이는 잠들었는데 아몽이가 계속 울면, 잠든 꼬몽이마저 깰까 두려워 아몽이를 업고 나갔다. 단지를 한참 돌아다니다 아몽이가 잠들면 들어와 살짝 뉘였다. 참 눈물 나게 힘든 날들이었다.

그러던 어느 날, 아는 분이 세 아이를 재울 때 잠자리 독서를 활용한다는 말을 듣게 되었다. 나이도 성별도 모두 다른 세 아이를 눕혀놓고 엄마가 책을 읽어준다고 했다. 그럼 아이들이 하나둘 잠이 든다고. 그날부터 우리 집도 쌍둥이를 잠자리 독서로 재우기 시작했다. 효과가 좋았다. 아이들은 엄마 아빠가 읽어주는 책을 보다 어느 샌가 잠이 들어 있었다. 어떤 날은 피곤해서 낮에 책을 한 권도 읽어주지 못하는 날도 있었다. 하지만 밤에는 재워야 하니까 무조건 읽어주었다. 솔직히 나는 책 좋아하는 아이 만들기에서 이만큼 효과 좋은 방법이 또 있을까 싶다.

그 후로 우리 집에서 쌍둥이를 재울 때, 책을 갖고 들어가는 것은 당연한 일이 되었다. 아이들을 재울 때면 쩔쩔매던 애들 아빠도 책만 있으면 할 수 있다며 좋아했다. 종종 다른 방에서 책으로 아이를 재우고 나올 때면 무언가 대단한 일을 해낸 것처럼 의기양양한 모습으로 서로를 마주했다. 우리는 잠든 아이가 세상에서 제일 예쁘다는 명언(?!)을 실감했고, 드디어 만난 자유 앞에서 벅차오르는 기쁨에 종종 축배를 들기도 했다.

두 아이를 한 번에 재우는 방법

우리 집 잠자리 독서는 그 방법이 아주 간단하다. 누워서 아이가 잠들 때까지 책만 읽어주면 된다. 물론 낮잠을 너무 많이 잤거나, 자극적인 영상을 잠자기 전까지 본 날은 쉽지 않다. 아직 잠이 오지 않았거나 피곤하지 않으면 계속해서 책을 읽어달라고 할 수 있다. 피곤할 때 읽어주어야, 이야기를 듣다가 스르륵 잠든 아이를 볼 수 있다. 그래서 규

칙적인 생활이 중요하다. 아이가 피곤한 타이밍을 알아야 하니까.

　잠잘 시간이 되면 아이들과 함께 책을 골라 방으로 들어갔다. 쌍둥이니까 가운데 엄마나 아빠가 눕는다. 양쪽에 아이들을 눕히고, 앞으로 나란히 하듯이 팔을 들어 책을 읽어주었다. 처음에는 팔이 좀 많이 아팠다. 하지만 업어서 재우고 안아서 재우는 거에 비하면 힘들지 않았다. 무엇보다 우리에겐 두 아이를 한 번에 재울 수 있다는 것이 가장 큰 장점이었다. 팔도 처음에는 좀 아팠지만, 익숙해진 후로는 한 시간까지도 괜찮았다.

　아이들은 밤마다 좋아하는 이불 위에서 뒹굴며 재미난 책을 읽었다. 쌍둥이는 이 시간을 참 좋아했다. 그러다 내가 다시 일을 시작하면서 밤에 책을 읽어줄 수 없다고 선언했다. 이미 아이들은 책을 읽지 않으면 잠을 잘 수 없는데 말이다. 책을 읽어주지 않자 아이들은 굉장히 힘들어했고, 떼도 많이 부렸다. 그래서 우리 부부는 그럼 각자 읽고 싶은 책 딱 한 권만 골라서 가져오라고 했다. 두 아이가 가져온 책을 앉아서 다 읽어준 후, 불을 미등으로 바꾸고 다 같이 누워서 잤다. 가끔씩 한 권으로 서운해하거나, 더 읽어달라고 떼를 부리는 날에는 한 권 더 갖고 오라고 말하며 유연하게 대처했다.

　책 읽어주는 것마저도 힘들어졌을 땐 애들 아빠가 어린 시절 이야기를 해주며 재웠다. 불을 끄고 온 가족이 누워서 도란도란 이야기를 나

놀 때면 참 행복했다. 덕분에 아이들은 매일 밤 시골에서 자란 아빠의
어린 시절로 모험을 떠났다. 하하 호호 웃다가, 질문하다가, 잠든 아이
들을 보면 얼마나 뿌듯했는지 모른다. 물론 나는 이야기를 듣다가 아
이들보다 먼저 잠들기도 했지만 말이다.

세계 곳곳에서 선택받은 최고의 독서교육

《젊은 베르테르의 슬픔》과 《파우스트》로 유명한 괴테의 어머니는
매일 밤 어린 괴테에게 동화를 들려주었다. 그리고 가장 흥미진진한
내용에 이르면 "그 다음엔 어떻게 되었을까?" 하고 책을 덮었다. 그러
면 괴테는 골똘히 생각하다 잠이 들었고, 다음 날까지 뒷이야기를 상
상했다고 한다. 그렇게 책을 좋아하는 아이로 자라 꾸준히 책을 읽고
상상한 결과, 괴테는 독일 문학의 거장이 되었다.

유대인들은 이를 '베갯머리 독서'라고 부른다. 유대인 부모들의 하
루 일과 중 반드시 빼놓지 않는 게 잠자리에 든 자녀에게 책을 읽어주
는 일이라고 한다. 그들은 돌 무렵부터 침대 머리맡에서 부모가 읽어
주는 이야기는 평생 창조적인 영감을 샘솟게 하는 마르지 않는 샘이
되어준다고 했다.
유대인뿐이 아니다. 독서교육과 관련해 영국 부모들이 가장 중요하
게 여기는 것이 바로 베드타임 스토리(Bedtime Stories)다. 베드타임

스토리는 말 그대로 자녀가 잠들기 전 침대에서 20분 정도 동화책을 읽어주는 것이다.

핀란드 역시도 아이가 잠들기 전 부모가 책을 읽어준다. 이렇게 잠자리 독서는 세계 곳곳에서 시대를 막론하고 많은 부모들에게 선택받은 최고의 독서교육이다.

워킹맘이 되어 아이들과 함께하는 시간이 줄었을 때, 내가 선택한 방법은 양보다 질이었다. 퇴근하면 바로 아이들에게 달려갔고, 직장에서 근무하는 시간 외에는 그 누구에게도 아이들을 맡기지 않았다. 최소한의 집안일만 했고, 꼭 해야 할 일이 있으면 아이들과 함께하려고 노력했다. 주말에 출근할 일이 있으면 아이들 손을 잡고 나갔다. 그렇게 함께하는 시간은 적어졌지만 함께하는 동안만큼은 아이들에게 집중했다.

솔직히 엄마 아빠가 모두 바쁘다 보니 네 살 후반부터는 책을 거의 읽어주지 못했다. 미안한 마음에 낮에는 전자펜으로 책을 읽을 수 있게 해주었고, 밤에는 잠자리 독서로 한두 권 정도 읽어주었다. 그렇게 밤마다 한 권씩 읽어주던 잠자리 독서도 읽기독립*이 완성되면서 서서히 끝이 보이기 시작했다. 아이들은 낮에 원하는 만큼 스스로 책을 읽었고, 밤에는 불을 끄고 아빠의 어린 시절 이야기를 듣게 된 것이다. 이렇게 엄마와 아빠의 끊임없는 노력으로 쌍둥이는 정서적 안정과 함께 잘 자라주었다.

쌍둥이를 키우지 않았다면 계속 아이를 업어서 재웠을지도 모른다. 그도 아니면 유모차에서 재웠을지도 모른다. 쌍둥이 육아로 두 아이를 한 번에 재워야 했기에, 누워서 책을 읽어주는 방법을 선택했다. 덕분에 이야기를 듣다 잠이 든 쌍둥이는 어쩌면 이야기 속으로 들어가 예쁜 꿈을 꾸었을지도 모른다. 어쩌면 신나는 모험을 했을지도 모른다. 독서의 중요성은 알지만 책을 읽어줄 시간이나 체력이 부족한 엄마들에게, 아이의 잠투정이 심해서 업어서 안아서 재우느라 지친 엄마들에게 책으로 재우는 방법을 적극 추천해본다.

● 읽기독립: 한글을 뗀 아이가 더 이상 책을 읽어달라고 하지 않고 스스로 책을 읽는 것

엄마의 시간과 체력은 아끼고
효과는 높이는 방법

월마트는 매출에 직접적인 영향을 미치는 고객의 장바구니에 관심을 가진 최초의 기업이다. 어느 날 월마트는 데이터베이스에 저장된 영수증을 분석했다. 그런데 이상하게도 기저귀가 많이 팔린 날 맥주도 많이 팔린다는 사실을 알게 되었다. 왜? WHY? 월마트는 의문을 갖고 분석하기 시작했다.

기저귀는 은근히 부피를 많이 차지한다. 부피도 크고 대형마트에서 구입하면 저렴하기 때문에 엄마들은 퇴근하는 남편들에게 기저귀를 사다달라고 부탁했던 거다. 우리 집도 쌍둥이의 기저귀와 분유는 늘 애들 아빠 담당이었다. 기저귀를 사러 간 남편들은 마트에 가니 맥주 생각이 난다. 그래서 기저귀를 사면서 맥주도 샀던 것이다. 그렇게 '기저귀가 많이 팔린 날은 맥주도 많이 팔린다' 라는 상관관계가 생겼다. 이 결과를 가지고 월마트는 매장 진열을 변경했다. 기저귀 옆에 맥주를 쌓아놓은 것이다. 결과는 대박! 기저귀와 맥주의 매출이 둘 다 상승했다.

보이는 만큼 더 많이 읽게 되는 책

거실에 과자와 사탕이 여기저기 놓여 있는 집과 보이지 않는 곳에 잘 정리되어 있는 집 중에서 어느 집 아이가 간식을 더 많이 먹게 될까? 당연히 과자와 사탕이 많이 보이는 집 아이가 간식을 더 많이 먹게 될 것이다. 그럼 이번에는 책으로 생각해보자. 책이 여기저기 흩어져 있는 집과 책이 서재나 책장에만 딱 정리되어 있는 집 중에서 어느 집 아이가 책을 더 많이 보게 될까? 이번에도 답은 뻔하다. 누구나 많이 보는 것에 자연스럽게 반응하게 된다. 그래서 책 좋아하는 아이 만들기에서도 이 진열의 효과를 활용하면, 소중한 엄마의 시간과 체력은 아끼고 아이들은 책을 조금 더 많이 읽게 할 수 있다.

첫째, 집안 여기저기에 책 흩어놓기. 쌍둥이 아가시절, 교과서 말고는 책을 거의 읽어본 적 없는 엄마답게 우리 집에는 책장이 하나도 없었다. 책장이 없으니 구입한 책을 둘 곳이 없어 여기저기 쌓아두었다. 또 아이들과 함께 책을 읽고는 그냥 바닥에 두었다. 처음에는 그렇게 별 생각 없이 거실과 방 여기저기에 책을 흩어 놓았다. 그런데 이런 어지러운 환경이 아이들에게 도움이 된다는 것을 알게 되었다. 무심코 집안을 돌아다니다 책에 눈길이 간 쌍둥이가 호기심이 발동해 주저앉아 책을 보는 것이었다. 효과를 본 후 나는 더 열심히 책을 흩어놓고 살았다.

솔직히 육아가 그리 쉽지는 않다. 그래서 많은 엄마들이 난생 처음 겪는 육체노동과 마음고생으로 힘들어한다. 하지만 우울해하고 있을 수만은 없다. 이 또한 지나갈 테니까. 피할 수 없다면 요령도 좀 피우면서 조금이나마 편하게 가보는 건 어떨까. 책을 정리할 시간에 아이에게 한 번 더 읽어주고 책은 그냥 바닥에 두는 거다. 체력이 좀 더 되면 아이가 자주 가는 곳이나 움직이는 동선을 살펴 책을 흩어놔주면 된다.

쌍둥이 어릴 때는 한 번에 두 아이 키우느라 힘들다고 책을 여기저기 흩어놓고 살았다. 워킹맘이 되어서는 일까지 하게 되어 더 힘들다고 여기저기 흩어놓고 살았다. 제발 책 좀 치우라는 친정어머니의 잔소리가 어디선가 들려오는 것 같지만 이런 나의 게으름(?!)이 아이들에게는 좋은 육아환경이 되었다.

둘째, 아이의 눈길이 자주 가는 곳에 책 진열하기. 쌍둥이는 거실에서 주로 생활을 했다. 그중에서도 소파를 참 좋아했다. 소파에 누워서 뒹굴뒹굴, 올라가서 점프점프, 등받이 꼭대기에 올라가서 걷기, 뛰기. 덕분에 아기 때부터 쓰던 소파는 여기저기 뜯기고 낙서는 물론, 쿠션도 푹푹 꺼져 있었다. 아이들 키우는 동안에는 막 사용하다가 초등학교 갈 때 새로 소파를 사기로 마음먹고 소파에서 실컷 놀게 놔뒀다.

하루는 쌍둥이가 자주 놀이하는 소파에 앉아 책장을 바라보다가 '여기에 책을 진열하면 아이들이 좀 더 자주 보겠는데' 하는 생각이 들었다. 그래서 아이들이 잘 안 읽는 과학동화나 새로 구입한 책을 이곳에 진열해두었다. 일명 전진 배치였다. 그랬더니 소파에 매달려 놀다가 슥~ 책에 눈길이 갔고 새로운 책을 발견한 아이들은 책을 꺼내 읽었다. 그렇게 효과를 확인한 후부터 새로운 책이 들어오면 늘 소파 옆 세 번째 칸에 진열해 주었다. 아이들은 놀다가 이곳에 새로운 책이 꽂혀 있으면 "어, 이거 새 책이네" 하면서 신나게 읽었다.

셋째, 한 번씩 책의 위치를 바꿔서 진열하기. 나는 한 번씩 책장을 정리한다. 물론 새로운 전집이 들어오면 둘 곳이 없기 때문에 무조건 책장 정리를 해야 했다. 새로운 전집을 들이면 기존에 제일 좋은 자리를 차지하고 있던 전집은 다른 곳으로 옮기고 그곳에 새 책을 진열했다. 또 아이들이 실컷 봤다 싶으면 그 책은 구석으로 보냈다. 어차피 아이들은 자기가 좋아하는 책은 어떻게든 찾아서 읽으니까.

언제나 자유롭게 책을 읽을 수 있도록 선택권을 아이들에게 주었다. '이건 역사니까, 이건 과학이니까 읽으면 좋을 텐데' 라고 생각은 해도 강요한 적은 없다. 독서를 강요하는 순간 재미를 잃어버릴 것이기 때문이었다. 대신 새로운 책이나 아이들이 좀 읽었으면 하는 책을 제일 좋은 자리에 진열해두었다. 꼭 새 책이 아니더라도 기존에 잘 안 보는 책이 있으면 진열을 바꿔두었다. 그렇게 아이들이 한 권이라도 더 읽을 수 있도록, 다양한 분야를 골고루 읽을 수 있도록 아주 가끔이지만 노력했다.

넷째, 안방 한 쪽 벽면을 책장으로 채우기. 쌍둥이 일곱 살 때 피아노에 관심을 보이면서 전자피아노를 한 대 구입했다. 둘 곳이 마땅치 않아 어디에 둘까 고민하다 거실 한쪽 책장을 안방으로 옮기고 그 자리에 피아노를 두었다. 솔직히 거실에 책장을 더 놓고 싶었는데 오히려 책장을 줄이게 되어 서운한 마음이 있었다.

그러나 안방으로 들어간 책장 덕분에 오히려 아이들이 책을 더 많이 보게 되었다. 가로가 1.2미터인 3단 책장은 안방의 한쪽 벽면 전체를 차지했다. 책장을 옮긴 후 아이들을 깨우러 방에 들어가 보면 어느새 일어난 쌍둥이가 책을 읽고 있었다. 그것도 평소에 잘 읽지 않았던 전집들을 말이다. 글의 양이 많아 엄마 아빠가 읽어주지 않으면 잘 보지 않던 과학동화와 잔잔한 그림으로 아이들의 손이 자주 가지 않던 한자 동화를 꺼내어 읽고 있었다. 한 쪽 벽면을 가득 채운 책장의 책들이 아침에 일어난 아이들 눈에 제일 먼저 들어온 것이다. 유치원에 가지 않는 주말이면 한 시간씩 책을 읽은 후에 방에서 나오기도 했다. 그렇게 아침에 일어나면 제일 먼저 책을 읽었고 잠들기 전에도 책을 읽은 후에 잠드는 것이 일상이 되었다.

티끌 모아 태산 : 자투리시간 활용하기

엄마가 일을 시작하면서 쌍둥이는 다섯 살부터 만 3년을 꼬박 종일반 생활을 해야만 했다. 아침에는 잠에서 아직 깨지도 못한 아이를 등원시키는 것이 가장 큰 일이었다. 퇴근 후에는 아이들과 집에 들어오면 저녁 6시가 훌쩍 넘어 있었다. 하루 종일 기관에 있었던 아이들을 잠깐이라도 놀이터에서 놀리고, 저녁을 먹이고 씻기면 어느새 잠잘 시간이었다. 평일에는 아이들이 책을 읽을 수 있는 시간이 턱없이 부족했다. 책 좋아하는 아이들에게 미안했고 속상했다.

이가 없으면 잇몸으로 먹는다고 했던가. 시간이 늘 부족하다 보니 자투리시간, 틈새시간을 활용하는 요령이 늘어갔다. 우선 아이들 목욕이나 샤워 후에 머리 말려주는 시간을 활용했다. 여자아이들이라 긴 머리를 말리려면 시간이 꽤 걸렸고 드라이기 소리는 시끄러웠다. 그래서 이때는 한글동화책을 주었다. 머리 말리는 시간이 무료한 아이들은 책을 주면 좋아했다. 머리를 다 말리고 나서도 집중해서 읽고 있으면 살며시 자리를 피해주거나 좋아할 만한 책을 몇 권 더 곁에 놓아두었다.

머리 묶는 시간, 손톱발톱 자르는 시간도 활용했다. 이때는 주로 영어그림책과 전자펜을 주었다. 아이가 자랄수록 영어그림책을 읽으려 하지 않았기 때문에 좀 더 신경 써서 골랐다. 하지만 일단 아이가 끌리는 책을 골라 읽기 시작하면 머리를 묶든 손발톱을 자르든 천천히 진행했다. 아이는 이야기에 빠져 엄마가 천천히 진행한다는 걸 눈치 채지 못했다.

또 주말에 아주 가끔이지만 외식을 하게 되면 책을 가져갔다. 주로 도서관에서 미리 빌려둔 책이거나 학교 가면 읽게 하려고 높은 곳에 꽂아둔 책들이었다. 한 번도 읽은 적 없는 책, 재미있고 글의 양은 많은 책으로 엄선해서 챙겨갔다. 그래야 우리 부부도 제대로 된 식사를 할 수 있으니까. 일반 식당에서는 주문한 음식을 기다릴 때 책을 꺼내 주었다. 패밀리 레스토랑에서는 아이들에게 먹을 음식을 먼저 가져다 주었는데 정작 우리 부부가 식사할 시간이 되면 다 먹은 쌍둥이가 다투거나 말썽을 부리기 시작했다. 그럼 이때 가져간 책을 꺼내 주었다. 긴 시간은 아니지만 잠깐이라도 아이들이 이렇게 책을 읽고 있으면 애들 아빠와 이야기도 나누고 음식도 조금 더 챙겨먹을 수 있었다.

쌍둥이의 책 읽기를 유지시켜 주기 위해 꾸준히 노력했다. 처음에는 좀 귀찮았지만 좀 하다 보니 어느새 익숙해졌다. 그리고 자투리시간만 잘 활용해도 꽤 많은 책을 읽을 수 있다는 사실에 놀랐다. 또 틈새 시간을 잘 활용하기 위해서는 책이 집안 곳곳 여기저기에 흩어져 있어야 한다. 엄마인 내가 자주 움직이는 것이 힘들기도 하고 어떤 날은 귀찮기 때문이다. 그럴 때 손이 닿는 곳 여기저기에 책이 있으면 금세 꺼내서 줄 수 있다.

한글떼기와 읽기독립은
밑 작업이 핵심

한글을 일찍 떼주려는 마음은 없었다. 그저 책을 좋아하는 아이로 자라길 바라는 마음으로 조금씩 읽어주었다. 그러다 쌍둥이 네 살 직전에 몇 권의 책과 인터넷을 통해 한글을 일찍 뗀 아이들을 보게 되었고, 일찍 한글을 떼고 스스로 책을 읽는 아이들을 보고 충격을 받았다. 초보 엄마는 흥분했다. 왠지 엄마가 부족해서 아이들의 가능성을 발굴해주지 못한 것만 같았다.

당시 나는 쌍둥이를 독박육아하느라 힘든 날들을 보내고 있었다. 두 아이를 혼자 돌보는 것만으로도 충분히 지쳐 있었다. 여기에 아이들은 수시로 책을 읽어달라고 했고, 책 속에 글의 양은 점점 늘어나 몇 권만 읽어주어도 진이 쭉 빠져버렸다. 이런 나에게 그 아이들은 그저 부러움의 대상이었다. 저 아이들처럼 우리 쌍둥이가 스스로 책을 읽을 수 있다면 육아가 한결 편해질 것만 같았다. 그렇게 쌍둥이가 네 살 되던 해에 한글떼기를 시도하게 되었다. 한글만 떼면 아이들 스스로 책을 읽을 수 있을 거라는 큰 기대를 품고 말이다.

책 읽어줄 때, 제목만 딱 1년

며칠 동안 공을 들여 낚시놀이, 카드놀이, 시장놀이, 벽에 글자 붙이기 등 다양한 방법을 찾아두었다. 그리고 설레는 마음으로 아이들에게 하나둘 시도하기 시작했다. 하지만 아이들의 반응은 나의 기대와 달랐다. 한 아이는 조금 따라오는 듯했지만 다른 아이는 좋아하지 않는 눈치였다. 일란성 쌍둥이지만 모든 발달 과정에서 조금씩 다른 속도를 보였던 아이들이기에 크게 신경 쓰지 않았다.

그렇게 한 달 정도의 시간이 흘러갔다. 아이들이 조금이라도 글자를 맞추면 기뻐하며 폭풍칭찬을 해주었다. 문제는 여기에서 발생했다. 태어나서 무언가를 테스트 받는 것이 처음이었던 아이들은 맞추면 기뻐했지만 틀리면 실망했다. 한 아이가 조금이라도 앞서가면 다른 아이가 초라해졌다. 그런 아이들의 모습을 보면서 '지금 내가 무엇을 하고 있는 건가' 하는 의문이 들었다. '아이들이 이렇게 싫어하는데 굳이 해야 할까' 고민하던 차에 무리한 육아와 스트레스로 병이 나고 말았다. 결국 난 모든 것을 내려놓게 되었다. 그리고 내 몸을 돌보기로 했다.

몇 개월 동안 건강에만 집중했다. 아무것도 하지 않았지만 문득문득 의문이 찾아왔다. 책을 많이 읽고 좋아하는 아이들인데 왜 한글을 쉽게 떼지 못하는 걸까, 왜 자연스럽게 한글에 관심을 보이지 않는 걸까.

한글을 일찍 뗀 아이들을 다시 찬찬히 살펴보았다. 그 아이들은 이미 아기 때부터 독서의 양도 쌍둥이보다 훨씬 많았고, 글자에 대한 노출과 놀이를 꾸준히 진행해서 한글떼기 밑 작업이 충분히 이루어진 아이들이었다. 그에 비하면 쌍둥이에게 노출한 한글의 양은 턱없이 부족했다. 한동안은 영어에 집중하느라 영어동화책만 읽어주었다. 또 한동안은 육아가 힘들어 책을 모두 숨겨두고 읽어주지 않은 적도 있었다. 무엇보다 책은 읽어주었지만, 글자에 대해 어떤 언급도 한 적이 없었다. 결론을 내리고 나니 길이 보였다. 우선 기간을 넉넉하게 1년으로 잡았다. 그리고 1년 동안 한글동화책을 꾸준히 읽어주기로 마음먹었다. 여기에 딱 하나, 책을 읽어줄 때 '제목'만 손가락으로 짚어주자 마음먹었다.

그러는 동안에 시간이 흘러 나는 복직을 했고 워킹맘이 되었다. 더 이상 아이들의 교육에 신경 쓸 겨를이 없었다. 그렇게 내가 마음을 비워서일까. 계획했던 1년을 채우기도 전에 아이들이 글자에 관심을 보이기 시작했다. 전자펜이 된다는 이유로 구입해둔 공룡전집이 있었다. 하루는 아몽이가 그 책의 주인공들 이름을 펜으로 찍어서 듣고 난 후, 자신 있게 손가락으로 짚으며 읽었다. 드디어 아이들 눈에 글자가 보이기 시작한 거다.

그때부터 한글떼기에 도움이 될 만한 환경을 조금씩, 천천히 만들어 주었다. 아이가 한글에 관심을 보일 때, 한글떼기를 진행하니 훨씬 수월했다. 스스로의 호기심으로 한글떼기 방송을 재미있게 보았고, 집안에 붙여둔 글자판과 자석글자로 한글떼기를 완성해 갔다. 엄마가 새로운 환경에 적응하느라 한창 바쁠 때, 쌍둥이는 스스로의 호기심으로 다섯 살 여름에 한글을 떼었다.

결국 내 아이의 한글 떼는 시기는 아이가 한글에 관심을 보일 때이고, 한글에 관심을 보이는 시기를 앞당기기 위해서는 꾸준한 독서와 글자에 대한 노출이 필요했던 거다. 일곱 살이 되어도 한글에 관심을 보이지 않는 아이들을 보면, 대체적으로 책읽기와는 거리가 먼 아이들이 많았다. 많이 본 만큼 익숙해지고, 익숙한 만큼 한글을 쉽게 뗄 수 있는, 어쩌면 너무나 당연한 원리인 것이다.

읽기독립 일등공신도 전자펜!

그런데 이상하게도 한글을 뗀 후에도, 아이들은 계속해서 책을 가져와 읽어달라고 했다. 나는 다 알고 있는 글자인데 왜 책을 스스로 읽지 않고, 읽어달라고 가져오는 건지 궁금했다.

아이들을 관찰해 본 결과, 이제 막 한글을 깨우친 아이들은 글자를 하나씩 보며 글을 읽었다. 어릴 적부터 엄마가 책을 읽어준 아이들은 읽기보다 듣기 능력이 상당 수준 발달해 있다. 엄마가 책을 읽어주면 궁금했던 책을 금방 읽어볼 수 있는데, 스스로 읽으려면 오래 걸리고 힘들었던 것이다.

책을 읽어달라고 하루에도 몇 번씩 말하는 아이들에게 더 이상 책을 읽어줄 수가 없었다. 워킹맘이 된 엄마에게는 더 이상 책을 읽어줄 체력이 남아 있지 않았다. 아빠가 잠자리 독서로 한두 권을 읽어줄 뿐이었다. 그동안 전자펜이 되는 전집은 주로 영어만 구입했는데, 미안한 마음에 한글 전집도 적극적으로 구입하기 시작했다. 여전히 아이들은 엄마 아빠 무릎에 앉아서 함께 읽고, 때때로 모르는 단어나 개념을 물어보고, 이야기 나누는 것을 더 좋아했다. 하지만 엄마 아빠는 너무 피곤하고 바빴다.

아이들이 책을 읽어달라고 하면 "엄마는 지금 저녁 준비를 해야 해. 그 책은 펜이 되는 책이니까 우선 펜으로 읽고 있을까?" 라고 말했다. 그렇게 몇 개월이 지나니 아이들은 펜이 되는 책은 당연히 펜으로 본다는 생각을 갖게 되었다. 덕분에 집안일을 하거나 쉴 수 있었다.

시간이 흘러 쌍둥이가 여섯 살이 되었다. 슬그머니 전자펜이 되는 책을 사주는 것이 조금 아깝게 느껴졌다. 전자펜이 되는 책은 아무래도 글의 양이 그리 많지도 않고, 책의 깊이도 낮았다. 그러다보니 일곱 살이 되면 왠지 재미가 없어 안 보게 될 것 같았다. 전자펜 되는 책을 그만 구입하고, 책의 깊이가 있는 다음 단계로 넘어가야 하나 어찌해야 하나 아이들 아빠와 함께 고민했다.

결론은 "여섯 살, 딱 1년만 더 전자펜이 되는 책을 구입하자"였다. 바쁜 엄마 아빠는 피곤하고 아이들은 궁금하다. 책을 읽어달라고 가져오는데 못 읽어주면 미안하니 최소한 궁금증은 해결할 수 있도록 펜되는 책만 사기로 결정했다. 책의 깊이 때문에 아이들이 올 한 해만 본다고 해도 어쩔 수 없다. 대신 저렴하게 중고로 구입하자고 결론을 내렸다. 전자펜이 되는 전집은 조금 더 비싸지만 중고로 구입하면 10만원에서 15만원이면 구입이 가능했다. 가끔 10만원도 안 되게 구입할 때도 있었다.

　바쁜 엄마라 솔직히 전집을 사주는 것도 크게 신경 쓰지 못했다. 짧게는 2~3개월에서 길게는 4~5개월 동안 새로운 전집을 들이지 못한 적도 있었다. 그런데 오히려 새로운 책에 목말랐던 아이들은 아기 때 읽었던 책들을 다시 보면서 그 부족함을 채웠다. 새로운 전집이 들어오면 더 이상 꽂을 곳이 없어서 아기 때 읽었던 책들을 정리하려고 꺼내놓거나 쌓아두었다. 역시나 바쁘고 피곤한 엄마는 몇 주 또는 몇 달 동안 꺼내만 놓고 정리하지 못했다.

　신기하게도 정리하려고 꺼내만 놓으면 아이들은 한두 줄짜리 아기 전집을 읽었다. 읽기독립 시키려고 일부러 수준 낮은 책을 구입하고, 아기 때 읽었던 책들을 슬쩍 가까이 두어도 잘 안 보던 아이들이 정리하려고만 하면 읽었다. 특히나 "이제 쌍둥이 안 보는 책이니 다른 아기 줄 거야" 라고 말하면 안 된다며 지나가다 한 권, 놀다가 한 권, 그렇게 글의 양이 적은 책부터 글의 양이 많은 책까지 넘나들면서 읽었다.

그러던 어느 날, 평소 병원이나 도서관에 가면 관심을 보이는 그리스로마신화를 구입했다. 마음에 드는 전집은 전자펜이 되지 않았고, 전자펜이 되는 책은 그리 마음에 들지 않았다. 하지만 읽어줄 자신이 없어 전자펜이 되는 전집을 구입했다. 처음에는 조금 무서워하기도 해서 그럼 다음에 보자 하고 치우려고 했으나, 아이들은 재미있다며 전집을 치우지 못하게 했고 펜으로 찍어가며 전집에 있는 모든 책을 다 읽어버렸다.

이것이 그리스로마신화의 힘일까. 아이들은 그리스로마신화 책을 더 읽고 싶어 했다. 그래서 지난 번 펜이 되지 않아 구입을 미루었던 전집을 구입했다. 읽어달라고 조르면 하루 한 권만 읽어주려는 마음으로 구입했다. 아이들은 이미 알고 있는 그리스로마신화를 또 다른 출판사의 그림과 글로 보면서 읽어달라고 가져오지 않았다. 70권이나 되는 책을 모두 스스로 읽기 시작했다. 정말 열심히 읽었다. 놀다가 읽고, 유치원 다녀오면 읽고, 아침에 일어나 읽고, 틈만 나면 그리스로마신화를 읽었다. 손가락으로 짚어가며 눈으로 읽고, 그림을 보고 열심히 읽으면서도 어른들에게 읽어달라고 가져오지는 않았다.

그렇게 길고 긴 한글떼기와 읽기독립의 여정이 끝이 났다. 아이들은 때가 되니 즐겁게 한글을 깨우쳤고, 호기심으로 궁금해 견딜 수 없는 마음으로 스스로 책을 읽어버렸다. 부모가 여유를 갖고 기다려주는 마음이 얼마나 중요한지 다시 한 번 깨닫는 순간이었다. 아무래도 큰 아이들은 전자펜으로 책을 읽지 않는다. 한글을 다 아니까. 그래서 전자펜이 되는 책은 한글을 떼지 못한 아이들을 위한 책으로 수준이 조금 낮다. 만약, 우리 부부가 그 순간 전자펜이 안 되는 수준이 조금 더 높은 책을 사주었다면, 더 많은 지식은 습득했겠지만 읽기독립은 더 늦어졌을 것이다.

책을 좋아하는 아이로 키웠는데 글의 양이 점점 많아져 읽어주기 힘들다면, 엄마 아빠가 체력적으로 힘든 상황에 있다면 영어처럼 전자펜을 추천해본다. 처음에는 전자펜 보다 엄마 아빠가 읽어주는 것이 더 좋다고 말할지도 모른다. 그러면 슬쩍 "엄마 저녁준비만 해놓고 읽어줄게. 이 책은 전자펜이 되는 책이니까 우선 펜으로 보고 있자" 라고 말하고 열심히 저녁을 준비하자. 책의 내용이 궁금한 아이는 어느새 전자펜이 되는 책은 스스로 본다는 생각을 하게 될 것이다. 단, 잠자리에서는 한 권이라도 좋으니 부모가 직접 읽어주자. 엄마 아빠가 잠자리에서 들려주는 이야기는 그 무엇과도 바꿀 수 없는 소중한 선물이니까.

책 좋아하는 아이 만들기에서
정말 어려운 건

이제 막 태어난 아이에게 말을 많이 걸어주면 아이는 말을 빨리 배울 수 있다. 그러나 처음 엄마가 되어 아이들과 대화를 하려니, 어떤 말을 해야 할지 잘 몰랐다. 이런 나에게 동화책은 큰 도움이 되었다. 특별히 해야 할 말을 생각하지 않아도 되었고, 아이에게 가르쳐줄 무언가를 공부할 필요도 없었다. 그저 저렴한 전집 몇 질을 사두고 아이들에게 조금씩 읽어주면 되었다. 아이의 호기심이 살아 있을 수 있도록 위험하거나 남에게 피해를 주지 않는 것은 허락했다.

집에서 두 아이와 복닥거리는 것이 힘들어 밖으로 나갔다. 놀이터와 자연 속에서 신나게 놀고 들어온 아이들의 호기심을 책과 연결시켜 주었다. 솔직히 그리 열심히 하지 못했다. 난 너무 피곤했으니까.

책을 좋아하는 아이로 만들기 위해 무언가를 더 많이, 더 열심히 할 필요는 없다. 오히려 빼기를 해야 한다. 자극적인 영상을 빼고 현란한 장난감을 빼야 한다. 책은 정적이고 자극이 적다. 그래서 책보다 화려한 영상이나 장난감을 먼저 만난 아이들이 책을 좋아하기란 쉬운 일이 아니다. 하지만 방법은 있다. 천천히 자극적인 것들을 줄이면서 책을 읽어주면 된다. 무엇보다 조금씩, 꾸준히 책을 읽어주면 된다. 놀이터에서 놀고 돌아온 아이의 호기심을 책과 연결해주고, 밤에는 포근한 잠자리에서 편안하게 읽어주면 된다. 이 두 가지면 충분하다.

흔들리는 엄마와 하기 싫은 아이들

아이들 전집을 꾸준히 구입하다 보니 부록도 쌓여갔다. 부록 중에는 알록달록 나를 유혹하는 독후활동지가 있었다. 활용하고 싶은 마음은 굴뚝같았지만 하지 않았다. 이유는 간단하다. 쌍둥이라 똑같은 부록이 2개 있어야만 진행이 가능했기 때문이다. 1개 꺼내서 싸우느니 안 하는 쪽이 더 나았다. 또 아이들은 학습적인 느낌이 나면 신기하게도 하지 않았다. 결국 우리 집에 있는 그 어떤 부록을 꺼내봐도 모두 깨끗하다.

아이들이 다녔던 유치원은 감사하게도 놀면서 배우는 곳이었다. 덕분에 쌍둥이는 집에서나 유치원에서나 하루 종일 놀았다. 숙제도 없고 과한 프로그램도 없었다. 그런데 딱 하나, 여섯 살부터 일주일에 한 장 '나만의 독서기록장'을 써가는 숙제가 생겼다. 처음에는 '잘됐다! 이

번 기회에 독서기록장 좀 써보자' 하는 마음으로 시작했다. 그러나 아이들은 너무도 하기 싫어했다. 독서기록장 좀 써보자고 하면 잘 안 하려고 해서, 숙제니까 하자고 구슬렸다. 결과는 글씨도 그림도 엉망진창. 아이들은 싫은 티를 종이 가득히 드러냈다. 궁금했다. 책을 좋아하는 아이들인데, 벌써 한글도 쓸 줄 아는데 왜 싫어하는 걸까.

싫어하는 아이들을 이리저리 구슬려 해놓고 보면 아이들의 생각과 그림실력을 볼 수 있어서 욕심이 났다. 하지만 겨우겨우 몇 번 하다가 아이들이 너무 싫어해서 내려놓았다. '아이들이 싫어하는 건 하지 않는다'는 나만의 육아철학을 지켰다. 다행히 유치원에서도 독서기록장을 나눠는 주셨지만 하지 않아도 아무 말씀 안 하셨다.

그렇게 일곱 살이 되었다. 이번에도 유치원에서는 새로운 독서기록장을 나눠주었다. 할까? 말까? 다시 시작된 고민. 아이들 유치원 숙제는 꼭 챙겨준다는 한 선배언니의 이야기를 들었다. 다른 건 몰라도 꾸준히 숙제를 해가야 나중에 학교 가서도 습관이 돼서 잘할 수 있다는 이야기였다. 워킹맘이라고 그동안 못 챙겨준 것 같아 미안한 마음이 들었고 '그래, 내가 너무 무심했지' 하고는 다시 시도해보기로 했다.
일곱 살이 되어 제법 글씨도 그림도 더 또렷해졌다. 무엇보다 일곱 살 아이의 마음을 읽을 수 있다는 것이, 그림을 볼 수 있다는 것이 너무 좋았다. 그렇게 엄마의 폭풍칭찬으로 몇 번 했지만 역시나 쌍둥이는 싫어했다. 결국 '그래 관두자' 하고 또 내려놓았다. 그 이후로 졸업할 때까지 뒤도 안 돌아봤다.

초등학교에 입학한 후 집에 굴러다니는 스케치북에서 아이들의 동시를 발견했다. 언제 이렇게 글솜씨를 키웠는지 솔직히 좀 놀랐다. 그뿐만이 아니었다. 지금 쌍둥이가 다니고 있는 초등학교는 1학년 때부터 정해진 양의 책을 읽고 독서일지를 쓰는 과제가 있다. 아이들은 3년 내내 스스로 알아서 책을 읽고 쓰고 있다. 또, 2학년 때는 담임선생님께서 쌍둥이의 일기가 너무 재미있다며 일주일에 한 번 일기장 검사날이 기다려진다고 말씀하실 정도였다.

독후활동으로 글쓰기 연습을 하지도 않았다. 학원에 보내 독서논술 같은 것도 배운 적이 없다. 그저 마음껏 책을 읽을 수 있도록 방해하지도, 다른 활동을 시키지도 않았을 뿐이다. 충분히 책을 읽은 아이들은 때가 되면 자연스럽게 글쓰기를 하게 된다. 모든 열매가 알이 차고 익으면 떨어지듯 말이다. 오히려 부담스러운 독후활동을 하지 않으면 아이는 마음껏 책을 읽을 수 있어 좋고, 엄마는 엄한 곳에 시간과 체력을 빼앗기지 않아서 좋다.

꾸준함과 절제 그리고 가정의 평화

책 좋아하는 아이 만들기에서 정말 어려운 것은 엄마의 꾸준함과 절제다. 내 아이의 인생에 책이 일상이 될 수 있도록 삶에 스며들게 하려면 한 살이라도 어릴 때 조금씩, 꾸준히 책을 읽어주면 된다. 여기까지는 어렵지 않다. 그런데 왜 성공하는 사람이 적은 걸까?

인터넷에서 보고, 육아서적을 읽고, 자극을 받은 엄마는 책을 열심히 구입하고 읽어주기 시작한다.

한 엄마는 아이가 잘 따라와주지도 않고 본인이 하고 싶은 일도 너무 많다. 쇼핑도 해야 하고, TV도 좀 봐야 한다. 스마트폰도 해야 하고, 친구도 만나야 하고, 자기관리도 좀 해야 하고, 집안일도 해야 한다. 워킹맘이라면 그 자체만으로도 벅차다. 그렇게 엄마는 엄마의 일로 너무나도 바쁘다. 그래서 매일매일 책 읽어주기는 잠시 시도했다가 멈춰버린다. 어차피 아이가 잘 따라와주지도 않았기 때문에 포기도 쉽다. 솔직한 이유는 엄마가 바빠서인데, 포기한 엄마들은 한결같이 "우리 애는 책을 안 좋아해" 라고 이야기했다. 세상에 공짜는 없다. 내 아이를 책 좋아하는 아이로 만들고 싶다면 매일매일, 조금씩, 꾸준히 읽어주어야 한다. 한 번에 많이, 드문드문 읽어주는 것이 아니다.

또 다른 엄마는 너무 열정적이다. 하루에 모든 에너지를 아이에게 책 읽어주기로 보낸다. 아이가 조금이라도 반응을 보이면 무조건 읽어주고, 또 반응을 보이지 않을 때도 열심히 읽어주어 아이는 정말 책을 좋아하는 아이로 자란다. 밤이 되어도 아이가 책을 읽고 싶어 하면 읽어준다. 늦은 밤까지, 혹은 새벽이 될 때까지, 밤이 새도록 책을 읽어준다.

밤낮을 가리지 않고 책을 읽어주었을 때 문제는 가정의 불화다. 사실 어려운 것은 조금씩, 꾸준히 인데 대부분의 사람들은 책 좋아하는 아이 만들기 자체를 어렵게 생각한다. 그래서 겁을 먹고 너무 많은 에너지를 초반에 소비하다가 결국에는 지쳐서 포기하게 되는 것이다.

쌍둥이는 생후 6개월부터 책을 읽어주었다. 그것도 촉감 책 몇 권으로 시작했다. 그 이후에도 작은 생활동화책 10권, 저렴한 자연관찰책 20권짜리를 구입해서 읽어주었다. 책 읽어준 시간이 그리 길지도 않았다. 그냥 물 흐르듯 자연스럽게 아이가 관심을 보이면 읽어주었고 아이가 기분 좋을 때, 잠자리에 들 때 조금씩 읽어주었다. 밤을 새워 읽어준 적도 없다. 만 두 돌이 지나 처음 어린이집 보냈을 때는 너무 힘들어서 한 6개월 정도 책을 숨겨둔 적도 있다.

엄마의 체력을 고갈시키면서까지, 가정에 불화가 찾아오는 것을 감수하면서까지 무리하게 책을 읽어주지 않아도 된다. 그저 조금씩 꾸준히 읽어주다 보면 충분히 책을 좋아하는 아이로 자란다. 늦은 것도 없다. 이제 3살, 7살 된 아이들에게 늦은 것이 어디 있을까. 나는 서른이 훌쩍 넘어 아이 낳고 책을 읽기 시작했다. 너무 행복하다. 나이 드는 게 두렵지 않다. 재미있는 책과 함께 온 세상을 여행 다닐 생각을 하면 설렌다.

아이들은 늦었다고 생각하지 않는다. 엄마만 그렇게 생각할 뿐이다. 옆집, 인터넷, 육아서적 속 아이들과 비교해보면 내 아이는 늦어도 너무 늦었다는 생각이 드는 것이다. 자꾸만 다른 집 아이와 비교가 된다면 다른 집 아이를 그만 봐야 한다. 내 아이만 바라봐야 한다.

로마가 하루아침에 이루어지지 않았듯 책 좋아하는 아이도 짧은 시간에 이룰 수 있는 것은 아니다. 그래서 빨리 이루려 하면 부작용이 나타난다. 그러니 잘될 거라는 믿음을 갖고 꾸준히 묵묵히 길을 걸어가야 한다. 포기만 하지 않으면 누구나 목적지에 도착할 수 있으니까.

PLUS TIP : : 한글책 구입 요령 : : 새책? 중고책? 도서관?

아이가 어리다면, 저렴한 보드북 (새책)

아직 어린 아이들에게는 책도 장난감일 뿐이다. 책과 친해지기도 전에 "찢으면 안 된다" "다 보면 정리해야 한다" 등 너무 많은 제약을 두면 책에 대한 호감도가 낮아진다.

쌍둥이에게는 딱 하나! 찢으면 안 되는 것만 알려주었다. (물론 그래도 아이들은 찢었지만) 보드북은 집안 여기저기 흩어놓고 양장본은 엄마와 함께 본 후, 책장에 꽂아두는 것도 하나의 방법이다. 더 이상 찢지 않는 순간이 오면 양장본도 여기저기 흩어놓으면 된다. 물론 우리 집은 양장본도 저렴하게 구입해서 그냥 막 흩어놓고 살았다.

아이가 어리지 않다면, 브랜드 전집 (중고)

브랜드 전집을 구입하고 싶은 부모의 마음은 모두 똑같지 않을까. 문제는 단 하나. 바로 비용이다. 나도 처음에는 브랜드 전집을 구입하지 못해 속상했다. 하지만 '저렴한 책이라도 구입해서 열심히 읽어주자' 하고는 마음을 빨리 바꾸었다. 그러다가 아꼬몽 다섯 살에 중고 세상을 알게 되면서 본격적으로 중고전집을 구입하기 시작했다.

브랜드 전집은 정말 비싸다. 하지만 중고 세상으로 가면 이야기가 달라진다. 분명 중고인데 깨끗한 전집이 많다. 생각보다 책 좋아하는 아이가 많지 않은 것과 관계가 있지 않을까 한다. 바로 이 부분을 공략하면 된다.

우선 책의 연식이 좀 되었다면 저렴하다. 또 전집이 전자펜 버전으로 업그레이드 된 경우, 전자펜이 안 되는 이전 버전의 전집은 저렴하다. 그래도 비싼 경우가 있다. 그때는 한두 권 빠진 전집을 구입하면 또 저렴해진다. 한두 권 빠져도 괜찮다. 어차피 책 좋아하는 아이들은 무수히 많은 책을 읽어 나간다. 솔직히 한두 권 빠져 있어도 아이들은 신경도 안 쓴다.

이렇게 나는 중고라도 조금 오래된 전집, 전자펜이 안 되는 이전 버전, 한두 권이 빠진 구성을 통해 깨끗하면서도 저렴한 전집을 구입했다. 물론 경제적 여유가 된다면 새 책을 구입하면 된다.

브랜드 전집도 좋지만 알짜배기 전집 찾기

꼭 유명출판사가 아니어도 좋은 전집은 있다. 다만 유명하지 않으니 찾기가 어렵다. 그래서 두루두루 전집을 살펴보면 좋은데, 아이들 전집은 미리 보기가 어렵다. 대형서점에도 없고, 출판사 홈페이지에서 내용을 보는 것도 한계가 있다. 이런 경우 도서관에 가서 살펴보거나,

나의 블로그처럼 아이들 전집을 자세히 포스팅한 블로그를 찾아서 보면 된다. 단, 블로거의 추천 글만 읽어보지 말고 블로거가 올려둔 사진을 통해 동화책의 내용을 읽어보자. 우리 아이가 좋아하는 스타일의 그림인지, 이야기 전개가 자연스러운지. 내용은 재미있는지 등을 살펴야 한다. '어린이서점'이나 '개똥이네 중고서점(오프라인)'이 멀지 않다면 직접 가서 살펴보는 것도 좋다.

단행본은 도서관 활용 후 구입하기

유명 작가들의 단행본도 읽어주면 좋다. 역시나 문제는 단 하나, 가격이다. 책 좋아하는 아이로 키우려면 책이 많이 필요한데 단행본으로 책장을 채우기에는 비용이 너무 많이 들어간다. 그래서 유명작가의 책은 도서관 활용을 추천한다. 도서관에 없으면 희망도서로 신청하면 된다. 희망도서를 신청해두면, 소장 후 자동으로 연락이 오고 제일 먼저 책을 읽어볼 수 있다.

또 1주일이나 2주일에 하루 정도, 아이와 함께 도서관 가는 날을 만들어도 좋다. 아이가 어리면 여기저기 돌아다니거나, 책을 읽어달라고 해서 엄마가 책을 살펴볼 시간이 부족할 수 있다. 그럴 때는 스트레스 받지 말고 아이가 기관에 갔을 때나 주말에 남편에게 맡기고 혼자 가서 살펴본 후 빌려오자. 아이가 너무 좋아해서 무한 반복하는 책이 있다면 그 책은 구입하면 된다.

004
....

스스로
점점 커지는
스노우볼,
쉬엄쉬엄 육아

아이들은 무한한 잠재력을 가지고 있다.
아이가 어릴 때 부모가 공을 들여 눈덩이를 잘 뭉쳐 굴려두면,
이 작은 눈뭉치는 스스로 굴러가기 시작한다.
점점 더 빨라지고, 점점 더 커진다.

아이는 어리고, 시간은 충분하다.
그러니 정신없이 사람들이 우르르 몰려가는 곳으로 가지 말고,
멈추어 천천히 생각해야 한다.

내 아이가 좋아하는 것이 무엇인지,
내 아이가 즐거움을 느끼는 것이 무엇인지,
우리 가족에게 잘 맞는 방법은 어떤 것인지.
천천히 생각하고 천천히 진행하면 된다.

중요한 것은 속도가 아니라 방향이니까.

10년차 엄마가 말하는
육아의 기술

　어려서는 나이 든다는 것이 그저 두렵기만 했다. 솔직히 내 인생에서 마흔 이후는 생각하기도 싫었다. 그런데 막상 한 살 한 살 나이 들어보니 좋은 점도 있었다. 나 스스로 경험한 일과 주위 사람들의 다양한 삶을 통해 인생에 노하우가 쌓여간다는 것이다. 덕분에 인생이 조금씩 쉬워지고 있으니 이 얼마나 감사한 일인지.

　마흔이 넘어 주위를 둘러보니 재능이 좀 있다고 생각했던 친구가 노력하지 않아 빛을 발하지 못하는 모습을 봤다. 또 반대로 '너에게 이런 능력이 있었어?' 하고 놀라게 하는 친구를 보면 남모르게 홀로 엄청난 시간 동안 노력했다는 것을 알 수 있었다. 그렇게 나는 재능에 대해 별로 신경을 쓰지 않게 되었다. 살아보니 엄청난 재능을 타고난 사람과 직접 만나는 일은 흔치 않았고, 그런 사람들과 내가 경쟁할 일은 더더욱 없었다. 결국 재능은 덤이고, 성공이라는 것은 포기하지 않고 끝까지 그 길을 걸어간 사람의 몫이었다.

타고난 재능을 크게 생각할수록 우리가 할 수 있는 일은 적어진다. 지금 내가 하고 있는 이 글쓰기만 해도 그렇다. 책은 글을 잘 쓰는 작가들의 영역이라고 생각하는 순간, 평범한 동네 엄마인 내가 할 수 있는 것은 아무것도 없다. 어디 평범한 엄마이기만 한가, 학창시절 책읽기와 글쓰기라면 삼십육계 줄행랑을 치던 아이가 바로 나다.

이렇게 깨달은 삶의 지혜를 인생선배로서 아이들에게 알려주고 싶었다. 지금 당장은 아이들이 어리니, 우선은 어려서부터 길러두면 삶이 좀 더 쉬워질 수 있는 능력을 키워주고자 했다. 책을 많이 읽은 사람들에게는 지혜가 있었고, 영어를 자유롭게 구사하는 사람들에게는 좁은 우리나라에서 복닥거리지 않고 언제든 넓은 세상으로 나갈 수 있는 선택권이 있었다. 또한 목표를 달성하기 위해 하고자 하는 일이 있을 때는 아침에 일어나 제일 먼저 해놓으면 효과가 좋았고, 예의 바른 사람은 어딜 가든 사람들이 좋아했다. 이런 것들을 아이들에게 자연스럽게 길러주기 위해 고민하고 노력하면서 나름의 요령이 쌓였다.

첫 번째 요령은 '아이와 친해지기'

모든 아이가 엄마를 잘 따를 것 같지만 그렇지 않기도 하다. 아이와 함께 놀고 대화하는 시간은 부족한데 아이를 잘 키우고 싶은 마음에 학습적인 부분을 강조하는 경우, 아이들은 엄마가 원하는 방향으로 잘 따라오지 않는다. 무엇보다 아이와 친해지는 것이 우선이다. 엄마를 좋아하는 아이가 엄마 말도 잘 듣는 법이니까.

쌍둥이 네 살 후반에 워킹맘이 되면서 아이들과 함께하는 시간이 줄어들었다. 부족한 시간을 메우기 위해 양보다 질적으로 아이들과 시간을 보냈다. 아이들을 웃기기 위해 엉덩이춤을 더 추기도 했고, 엉덩이로 이름을 쓰기도 했다. 퇴근 후 잠깐이라도, 아이가 좋아하는 숨바꼭질과 잡기놀이를 집에서 했다. 잘 때는 누워서 아이들에게 사랑고백도 했다. 매일 무언가를 할 수는 없었지만 딱 한 가지 기준은 있었다. 아이들과 최소 하루 한 번은 배꼽 잡고 깔깔깔 웃기.

이렇게 엄마를 충분히 느낄 수 있도록 노력한 덕에 아이들은 '엄마는 언제나 기분이 좋아지는 존재'라고 생각했고, 엄마와 함께하는 것이라면 다 좋아했다.

영어책을 아무리 재미있게 읽어주어도 아이가 잘 따라오지 않아 속을 끓이고 있다면, 학습은 잠시 내려놓고 엄마가 아이를 사랑하고 있음을 넘치도록 말과 행동으로 표현해보자. 장난도 치고 함께 깔깔깔 웃는 시간이 쌓이다 보면 아이는 비로소 사랑하는 엄마를 잘 따라오게 될 것이다.

두 번째 요령은 '강태공이 되어 내 아이 낚기'

책 좋아하는 아이를 만들 때도, 엄마표 영어를 진행할 때도 내가 가장 기본으로 쓰는 기술이 있다. 바로 아이가 좋아하는 것으로 낚는 것이다. 놀이터에서 개미를 가지고 한창 놀고 들어온 아이 옆에 개미에 대한 동화책을 놔두었다. 그리고 기다렸다. 아이가 스스로 책을 넘겨보면 슬쩍 가서 읽어주었고, 아이가 스스로 책을 쳐다보지 않으면 "어머나 이 개미, 아까 그 개미 아니야?" 하면서 호기심을 자극한 후 읽어주었다. 무리하지 않고 한두 권만 읽어주고는 또 내 할 일을 했다. 욕심내지 않았다. 아무리 재미있는 책도 한 번에 너무 많이 보면 아이가 지칠 수 있기 때문이었다.

엄마표 영어를 진행할 때도 항상 아이가 좋아하는 분야를 공략했다. 유아기 시절 공주와 음식에 대한 관심이 클 때는 그 쪽 분야의 영어책을, 초등학교에 입학하면서 모험과 코믹 쪽으로 관심사가 바뀌었을 때는 유치하고 익살스러운 영어책을 찾아 헤매었다. 이렇게 노력해서 찾은 영어책을 사주면 아이들이 좋아할 확률이 매우 높았고, 바쁘다는 핑계로 띄엄띄엄 쉬엄쉬엄 진행한 엄마표 영어가 그 맥을 이어갈 수 있었다. 오직 엄마표 영어에서만 가능한 방법이다.

사교육은 모든 아이를 똑같은 방법으로 교육한다. 내 아이가 어떤 것을 좋아하는지, 어떤 것에 흥미를 보이는지에 대해서는 관심이 없다. 오직 하나의 방법으로, 정해진 교재로 여러 명의 아이를 똑같이 가르칠 뿐이다. 아이가 좋아하는 것, 아이가 즐거움을 느끼는 것으로 접근해야 효과가 좋다. 아이에 대해 가장 잘 아는 엄마가 '아이가 좋아하는 것으로 낚는 기술'을 잘 활용하면 적은 노력으로 큰 효과를 볼 수 있다.

세 번째 요령은
'마음에 드는 행동은 칭찬하고, 그렇지 않은 행동은 무관심하기'

엄마로서 아이가 했으면 하는 행동을 아이가 하면 칭찬을 듬뿍 해주었다. 하지만 아이가 하지 않았으면 하는 행동을 할 때는 무관심했다. 물론 위험하거나 크게 잘못한 행동에 대해서는 단호하게 제재했다. 하지만 아이의 모든 행동을 고치려 하지는 않았다. 엄마의 말을 늘 잔소리로 생각하게 하고 싶지 않았기 때문이다.

이 방법이 큰 효과가 있을까 싶지만 신기하게도 효과가 좋다. 곰곰이 생각해보면 어른인 우리도 그렇다. 누군가 나에게 잘했다고 칭찬하면 기분도 좋고 더 잘하고 싶어진다. 하지만 틀렸다거나 잘못되었다는 비난을 듣는 순간 오히려 반발심이 생길 수 있다. 그래서 나는 마음에 드는 행동은 칭찬을 통해 계속할 수 있도록 했고, 그렇지 않은 행동은 무관심을 통해 스스로 흥미를 잃도록 유도했다.

네 번째 요령은 '밀당 작전'

연애할 때 효과 좋은 기술은 밀고 당기기, 일명 밀당이다. 나를 싫다고 외면하면 이상하게 더 끌리고, 나를 좋다고 자꾸만 따라다니면 싫어진다. 그래서 연애를 잘하는 사람은 이 밀당을 잘한다고 한다. 이 밀당 기술을 육아에 적용하면 육아를 잘하는 엄마가 될 수 있다.

아이가 책을 잘 읽기 시작했다고 해서 기회는 이때다 싶어 이 전집 저 전집 마구 들이면 안 된다. 어린 나이에 너무 많은 책을 오랜 시간 보게 되면 건강에 문제가 생길 수도 있고, 무엇보다 아이가 갈증이라는 걸 느껴볼 기회가 없다.

늘 아이들에게 미안한, 일하는 엄마였지만 시간이 흐르고 나니 얻은 것도 있었다. 그것은 바로 아이들이 필요한 것을 바로바로 채워주지 못했다는 것이다. 아이가 책을 좋아해 신나게 읽으면 좋았지만, 새로운 책을 알아보고 사줄 시간은 부족했다. 내가 너무 바쁠 때는 몇 개월도 그냥 지나갔다. 엄마가 새 책을 사주지 않는 그 시간 동안 아이들은 아쉬운 대로 있는 책을 반복해서 읽으며 지식을 자기 것으로 만들었다. 반복을 통해 기초를 탄탄하게 세운 것이다. 그렇게 몇 개월 동안 새로운 책에 대한 갈증이 쌓인 아이들은 새 책이 들어오는 순간 망부석이 되어 책을 읽었다.

종합해보면, 우선 아이와 충분히 친해진 후, 아이가 좋아하는 것으로 아이의 행동을 유도하고, 칭찬을 통해 그 행동이 습관이 될 수 있도록 한다. 아이가 낚였다고 해도 천천히 조금씩 진행하고, 아이가 힘들어하기 전에 먼저 그만하라고 말해서 갈증을 느낄 수 있도록 한다. 이런 육아의 기술이 쌓이면서 엄마로서 나는 점점 편해지고 있다.

주위 엄마들을 보면 초등학교 저학년까지는 아이의 학습에 대해 어느 정도 관심을 갖는다. 관심의 절정은 초등학교 입학 때였고, 그 이후로 점차 줄어들다가 초등학교 고학년이 되면 완전히 손을 놓았다. 그 때부터는 오로지 사교육에만 의존하게 된다. 대화를 해보면 아이가 무엇을 좋아하는지, 무엇을 잘하는지 잘 모른다. 어떤 과목을 힘들어하는지, 또 그 이유는 무엇인지는 더더욱 모르고 있었다. 그럼에도 불구하고 못마땅한 성적의 책임은 비싼 사교육에도 성취를 이루지 못한 아이에게로 모두 돌린다.

세상에 공짜는 없다. 맛있는 식당에서도 주인이 요리를 할 줄 알고 사람을 쓰는 것과 아무것도 모른 채 사람을 쓰는 것은 하늘과 땅 차이다. 그래서 처음에는 주인이 요리를 하는 것이 좋다. 식당의 핵심은 음식 맛에 있으니까. 우선 맛있는 음식을 만드는 방법을 터득한 후, 식당에 손님이 많아지면 직원을 고용해 일을 가르치고 일선에서 물러나 관리자가 되면 된다.

육아도 마찬가지다. 사교육을 안 시키는 것이 좋지만 어쩔 수 없이 시킨다 해도 엄마인 내가 우선 아이를 잘 다룰 줄 알아야 한다. 처음에는 사교육에 전적으로 아이를 맡기는 집보다 효과가 떨어지고 힘든 것 같지만, 어느새 전세는 역전된다. 그러니 느려도 효과가 좋은 육아의 기술을 익혀 활용해보면 어떨까.

일상에서 수시로
아티스트가 되다

아꼬몽 어릴 때, 아이 하나 데리고 문화센터에 수업 들으러 가는 엄마들이 참 부러웠다. 아이발달 책에 보면 어려서부터 시각, 후각, 미각, 청각, 촉각 즉 오감을 발달시켜 주어야 한다는데 나로서는 어떻게 해야 하는지 막막하기만 했다.

오감놀이터, 오감발달코칭, 뮤직놀이터, 퍼포먼스 미술 등 문화센터에서 운영하는 강좌는 제목만 들어도 너무 가고 싶었다. 왠지 그곳에 가면 우리 아이들의 발달을 놓치지 않고 잘 챙길 수 있을 것만 같았다.

솔직히 말하자면, 엄마인 내가 문화센터에 가고 싶었다. 아니 외출이 하고 싶었다. 늘어진 수유 티셔츠, 고무줄 바지를 벗어버리고 외출복이 입고 싶었다. 옹알이하는 아이가 아닌 어른과 대화를 하고 싶었다. 사랑하는 아이에게 세상을 보여주고 싶었고, 이렇게 예쁜 아이의 엄마가 나라는 것도 보여주고 싶었다.

하지만, 안타깝게도 운전면허 하나 없었던 나는 어린 두 아이를 데리고 문화센터에 갈 방법을 찾지 못했다. 주말 역시도 애들 아빠가 바쁘기 때문에 갈 수 없었다. 나는 그냥 생각을 바꿨다. 못 가는 것이 아니라 안 가는 거라고. 우리 쌍둥이는 집에서 실컷, 신나게 놀게 해주겠노라고.

언제든 엄마가 피곤하면 쉬고, 아이가 잘 놀면 더 놀 수 있다

처음에는 신문지, 쌀, 콩, 밀가루처럼 집에 있는 재료를 활용했다. 신문지를 신나게 찢고, 찢은 신문지 조각을 뿌리며 놀았다. 더 이상 사용하지 않는 분유통에 쌀, 콩, 팥 등 곡식을 종류별로 넣고 흔들어 소리를 들으며 놀았다. 밀가루를 만지고 물을 부어 반죽을 만들며 놀았다. 처음에는 좀 교육적인 듯했지만 그냥 마음껏 놀았다. 쌍둥이는 어떤 재료든 신기한 눈으로 관찰했고, 엄마와 함께여서 놀이 공간이 집이어서 편안해했다.

우리부부는 쌍둥이를 25개월부터 어린이집에 보내기로 결정했다. 어린이집에 보내기 전에 집 밖 세상에 대해 조금이라도 경험을 시켜주고 싶었다. 그래서 친정 부모님께 도움을 청했고, 처음이자 마지막으로 문화센터 체육수업을 듣게 되었다. 일주일에 한 번, 하루 1시간, 3개월 수업이었다. 엄마인 나도 신나고 아이들도 신났다. 신나는 음악에 맞추어 아이에게 새로운 세상을 알려준다는 기쁨에 행복했다. 하지만 불편한 점도 많았다. 아이들 낮잠시간이 틀어지면 잠이 덜 깬 아이를 데리고 가야 했고, 충분히 수면을 취하지 못한 아이는 컨디션이 좋지 않아 제대로 놀지 못했다. 선생님이 불어주는 비눗방울을 보며 신기해하는 아이들이 더 놀고 싶어 해도 시간이 짧아 실컷 놀지 못했다. 무엇보다 두 아이를 데리고 문화센터를 가고 오는 길이 힘들었다. 이렇게 여러 가지 단점을 직접 체험하고 난 후, 나는 더 이상 문화센터에 다니는 걸 부러워하지 않게 되었다.

집에서 하는 놀이는 엄마인 내가 피곤하면 언제든지 쉴 수 있다. 아이들이 놀이에 빠져 신나게 즐기면 몇 시간이고 계속 할 수 있다. 우리에게 정해진 시간은 없으니까. 배불리 먹고, 충분히 낮잠을 잔 후 일어난 아이들과 그냥 놀았다. 그렇게 엄마라는 넓은 바다에서, 아꼬몽은 마음껏 신나게 놀았다.

모든 아이는 지금 그대로 예술가

문화센터에 다니던 동네 아이들이 여섯 살 전후로 미술학원에 다니기 시작했다. 하루는 한 엄마가 미술학원에서 아이가 그린 것이라며 포트폴리오를 보여주는데 너무 잘 그려서 깜짝 놀랐다. 아이가 대부분을 그리고 선생님이 살짝 마무리만 도와준다고 했는데, 얼마나 멋진

지 지금 그대로도 미술작품이었다. 솔직히 흔들렸다. 그래서 우리 쌍둥이도 미술학원에 보내볼까 하고 한동안 고민했다. 다행히 육아선배들의 조언을 듣고 우리의 길을 계속 갈 수 있었다.

쌍둥이 아빠 친구의 아들은 우리 아이들보다 다섯 살이 많았다. 어려서부터 그림을 독특하게 잘 그려 '혹시 내 아이가 피카소가 되려나' 생각할 정도였다고 한다. 아들이 재능이 있다고 생각해 초등학교에 들어가면서 미술학원에 보내기 시작했다. 그렇게 시간이 흐르고 아들의 그림을 봤는데, 피카소는 온데간데없고 정형화된 그림만 남아 있었다고 했다. 미술학원에 보냈더니 독창성은 사라지고 다른 아이들과 똑같이 그리게 되었다며 속상해했다. 이 이야기를 듣고 미술학원에 대한 환상이 조금 사라질 쯤 결정적인 경험담을 듣게 되었다.

쌍둥이 여섯 살쯤 우연히 일로 만난 미술전공 교수님과 대화를 하게 되었다. 이런저런 이야기를 하다가 아이들 미술교육에 대해 넌지시 여쭤보았다. 미술학원을 보내야 할지, 지금처럼 집에서 놀게 해야 할지 조언을 구했다. 교수님은 대학시절 미술을 전공하고, 결혼 후 미술학원을 운영한 경험이 있었기에 더욱 현실적인 말씀을 해주셨다.
결론은 미술학원에 보내지 말고, 언제든지 아이가 마음껏 미술놀이를 할 수 있도록 바구니에 다양한 미술재료를 담아두라고 하셨다. 만약 미술학원에 보내려면 우선 학원장의 마인드를 알아야 한다고 하셨다. 학원장이 정말 아이들과 미술이 좋아서 운영하는 것인지, 단순히 사업수단으로 학원을 운영하는 것인지 말이다. 그런데 우리는 그 마음을 알기가 어렵다. 그러니 학원에 보내지 말고 집에서 마음껏 즐길 수 있도록 해주라는 것이었다. 한 아이의 엄마이자, 나이가 지긋하신 인생선배이자, 미술을 전공한 교수님께 이런 이야기를 듣고 나니 마음이 후련해졌다. '지금처럼 계속 하면 되겠구나' 하고 확신을 갖게 되었고 마음도 편안해졌다.

그 이후로 흔들리지 않고 자유롭게 아이들을 키우고 있다. 교수님의 조언대로 다양한 미술재료를 바구니에 담아두었다. 솔직히 집을 잘 안 치우다 보니 집안 곳곳에 재료가 굴러다닌다. 이렇게 자유로운 집에서 아이들은 그리고 싶을 때 그리고, 만들고 싶을 때 만들고, 오리고 싶을 때 마음껏 오린다. 욕실에서는 물감놀이를 하고, 거실 책상에서는 그림을 그리고, 헌 옷을 오리고 붙여 세상에 하나밖에 없는 옷을 만들기도 한다. 그렇게 아이들은 다양한 일상 재료를 활용해 집안 곳곳에서 수시로 아티스트로 변신한다.

피카소는 말했다. "모든 아이는 예술가로 태어난다. 문제는 자라면서 어떻게 예술가로 남아 있는가다." 피카소의 말대로 아이들이 이미 가지고 태어난 예술성이 때 묻지 않도록 지켜주는 것이 부모가 해야 할 일이 아닐까. 그림 그리는 법을 가르쳐 주는 것이 아니라 자유롭게, 마음껏 그리고 놀 수 있도록 넓디넓은 엄마의 품과 자유를 주는 것 말이다.

음악과 악기로
아이의 삶을 풍요롭게

막연하게 쌍둥이가 악기 하나는 연주할 줄 알았으면 좋겠다는 생각을 갖고 있었다. 그런 나에게 구체적인 이유가 생겼다. 바로 오소희 작가의 《엄마, 내가 행복을 줄게》를 읽고 난 후였다. 그녀는 이렇게 말했다.

내가 삶의 피로와 긴장에 대해 생애 최초로 민감해졌던 사춘기 시절, 언어로는 표현할 길도, 소통할 대상도 찾지 못해 헤매던 그 시절에 힘껏 피아노 건반을 두드리고 났을 때면 짜릿한 개운함과 함께 온몸에 젖어 있던 땀, 그리고 그때에 그 커다란 피아노를 부둥켜 끌어안고 싶어질 만큼 그것이 내게 주었던 깊디 깊은 위로에 대해 생각했다.

사춘기뿐만 아니라 인생에 어려움이 찾아왔을 때 아이들에게 악기라는 친구가 곁에 있어준다면 얼마나 좋을까. 물론 꼭 악기가 정답은 아닐 것이다. 하지만 나는 안다. 무언가 고민이 있을 때 몸을 쓰면 마음이 한결 편안해진다는 것을. 오소희 작가의 글을 읽은 후 아이들에게 악기를 가르치고 싶다는 마음은 더 강해졌지만, 우리 부부에게 음악은 정말이지 미지의 세계였다.

생활 속에서 자연스럽게 음악과 친해지다

쌍둥이가 태어났을 때 아이들이 빨리, 잘 잠들었으면 하는 마음에 자장가를 불러주었다. 그 다음에는 언어자극을 주고 싶은 마음에 동요를 불러주었다. 또 그 다음에는 자연스러운 영어 습득에 도움이 될까 싶어 영어동요를 불러주었다. 가끔 생각나면 두뇌발달에 좋다는 클래식도 틀어두었다. 아이들이 밀가루나 물감을 가지고 놀 때는 영어 전집의 노래를, 책을 읽을 때는 클래식을 틀어두었다. 한 번씩 기분 전환 하고 싶을 때는 동요에 맞추어 춤도 추었다. 엄마가 춤을 추면 아이들은 깔깔거리며 웃었고 흥에 겨워 댄스타임에도 동참했다.

아이들은 좋아하는 동요를 부르고, 신나는 음악이 흘러나오면 엉덩이를 씰룩거리며 춤을 추었다. 가끔은 음악에 맞추어 뚱땅뚱땅 장난감을 두드리기도 했다. 그러면 나는 우리 쌍둥이 연주를 잘한다고 칭찬했다. 특별히 아이들에게 음악교육을 하려고 했던 건 아니었다. 그저 아이들 발달에 도움이 되는 일인데, 엄마인 나는 플레이 버튼만 누르면 되기에 꾸준히 했을 뿐이다. 유치원 상담이 있던 어느 날, 담임선생님께서는 쌍둥이가 새로운 동요도 한 번 들으면 곧잘 따라하고, 박자감각이 좋다고 말씀해주셨다. 그때 알았다. 가랑비에 옷이 젖듯이 일상 속에서 아이들은 조금씩 음악과 친해지고 있었다는 것을.

아이가 원할 때 즐겁게 배울 수 있도록

음악적 지식이 부족한 나는 악기를 언제 가르쳐야 할지 몰랐다. 하지만 단 하나, 나만의 육아철칙은 있었다. 바로 배움이란 것은 아이가 원할 때 시작해야 한다는 것이다. 그렇다고 무작정 기다리지만은 않았다. 환경을 만들어둔 후 기다렸다.

일곱 살이 된 어느 날, 숨겨두었던 전자피아노를 꺼내주었다. 아이들 네 살에 구입했다가 반주음악만 크게 틀고 놀아서 귀가 아파 숨겨두었던 피아노다. 할일도 없고 피아노 계이름 한번 가르쳐줘볼까 하고 꺼냈다. 전자피아노에 계이름을 매직으로 적었다. 5만원 주고 구입한 피아노라 아깝지 않았다. '반짝반짝 작은 별'을 연주해 시범을 보여주고 계이름만 알면 어떤 곡이든 연주할 수 있다는 것을 알려주었다.

쌍둥이는 계이름대로 건반을 누르면 그 곡이 연주된다는 사실에 흥미를 보였다. 정신없이 음악만 틀고 놀던 네 살 때와는 다른 모습이었다. 기회는 이때다 싶어 A4용지 한 장에 한 곡씩 총 열 곡의 계이름을 적어주었다. 아이들은 한동안 그 계이름을 보고 피아노를 연주하며 신나게 놀았다. 저렴하기도 했지만 얼마나 열심히 연주했는지 전자피아노의 건반이 하나둘 깨져나갔다.

그렇게 시작된 피아노에 대한 쌍둥이의 관심은 사뭇 진지했다. 유치원에서 담임선생님과 친구들의 연주를 보고 자극을 받은 아이들은 두 손으로 피아노를 연주하고 싶어 했다. 특히 꼬몽이가 강하게 원했다. 친척 오빠가 개인레슨을 받는다는 말을 듣고는 자기들도 집에서 피아노를 배우게 해달라고 졸라댔다.

나는 아이가 원하는 것을 바로 들어주지 않는다. 원하는 장난감이나 물건을 바로 사주면 소중함을 모른다. 배움에 있어서도 기다린 만큼 아이는 갈증을 크게 느끼게 되고, 그 갈증은 배움의 원동력이 되어준다. 또 엄마인 나는 그 시간 동안 천천히 방법을 알아볼 수 있어 좋다.

육아선배들을 찾아가 경험담을 들었다. 선배들의 경험담은 다양했다. A선배는 두 아이를 키우는 엄마였다. 첫째아이는 멋모르고 다섯 살부터 피아노를 가르쳤는데 별로 효과가 없었단다. 그래서 둘째는 여덟 살부터 피아노 학원에 보냈는데, 첫째아이가 3년 동안 배운 걸 몇 달 만에 따라잡았다고 한다. 너무 이른 나이에 피아노를 배우면 진도가 느리니 급하게 마음먹지 말고 천천히 가르치라고 조언해주었다.

B선배는 본인이 초등학교부터 중학교 때까지 피아노를 배웠다. 피아노 선생님께 너무 무섭게 배우기도 했고, 본인의 의지보다 부모님

께서 원해서 배웠다. 결국 중학교 이후로 다시는 피아노를 치지 않는다고, 피아노 연주가 싫다고 했다. 결론은 아이가 원할 때 즐겁게 배울 수 있게 해주라고 조언해주었다.

C선배는 딸아이가 어릴 적에 절대음감이라는 소리까지 듣던 아이였는데, 초등학교 고학년이 되면서 피아노를 끊었더니 지금 고등학생인데 더 이상 피아노를 치지 않는다고 했다. 피아노 가르쳐봐야 다 소용없더라. 그러니 피아노 가르쳐도 그만, 안 가르쳐도 그만이라고 조언해주었다.

선배들의 경험담과 몇 권의 육아책을 읽으며 천천히 생각했다. 아꼬몽의 배우고자 하는 마음이 몇 달 동안 지속되는 것을 보고 배울 때가 되었다고 판단했다. 하지만 학원은 보내지 않기로 했다. 일곱 살의 나이에 유치원 종일반과 피아노 학원까지 간다는 것은 무리라고 생각했기 때문이다. 우리는 주말에 집에서 하는 개인레슨을 선택했다. 비용과 시간의 부담으로 일주일에 1회, 30분의 수업을 선택했다. 피아노 연주를 빠르게 배우는 것보다 피아노에 대한 호기심과 좋아하는 마음을 유지시켜 달라고 선생님께 부탁드렸다. 선생님은 우리의 뜻을 충분히 받아들여주셨고 덕분에 아이들은 천천히 즐겁게 피아노를 배울 수 있었다.

하지만 첫 번째 선생님과는 이사로 인해 7개월 만에 이별을 했다. 초등학교 입학 후 학교생활에 적응이 끝나갈 쯤 동네 피아노 학원 몇 곳을 둘러본 후, 개인교습소를 다니기 시작했다. 1년 정도 다녔는데,

학원이 문을 닫으면서 또 새로운 개인교습소로 옮겨야 했다. 옮길 때마다 나는 아이들에게 피아노를 계속 배울 것인지에 대해 물어보았다. 아이들은 그때마다 계속 배우고 싶다고 했다. 한 선생님께 꾸준히 배울 수 없어서 아쉬웠고, 중간에 몇 개월씩 배움의 흐름을 끊어야 해서 속상했다. 하지만 덕분에 아이들이 얼마나 피아노를 좋아하는지 알 수 있었다.

놀이터에서 한창 친구들과 노는데 재미가 들린 쌍둥이는 피아노 학원 가는 시간을 아까워했다. 친구들이랑 이제 막 신나게 놀기 시작했는데 자기들만 피아노 학원에 가야 한다는 것이 싫었던 거다. 그래서 나는 그럼 피아노 학원을 그만두자고 말했다. 정말 그래도 되느냐고 묻는 아이에게 단 이번에 그만두면 다시는 피아노 학원을 다닐 수 없다고 이야기해 주었다. 아이는 깜짝 놀라면서 안 된다고 그럴 수 없다고 했고, 그 이후로는 불평이 사라졌다.

물어보지도 않았는데, 하루는 꼬몽이가 나에게 와서 자신의 피아노 목표를 들려주었다. 자기는 체르니 50번까지 배운 후 피아노를 그만두겠다는 것이었다. 바이엘이 끝나면 체르니를 배운다. 체르니는 100번에서 시작해서 30번, 40번을 배우고 마지막이 체르니 50번이다. 꼬몽이는 체르니까지 끝내고 싶다고 했다. 아몽이는 덩달아 자기도 그렇게 하겠다고 했다. 나는 그저 좋은 생각이라고 칭찬해주었다.

우리나라 아이들은 엄마의 권유로 악기를 배우기 시작한다. 그리고 중학교에 올라갈 때쯤 되면 예체능의 배움을 모두 끊어버린다. 피아노는 이만큼 배웠으니 됐고, 이제는 학업에 몰두해야 하는 시기라고 생각하기 때문이다. 배움의 시작도 끝도 모두 엄마가 결정한다. 아이 스스로의 선택이 아니기 때문에 중학생 이후로도 그 아이가 피아노를 연주하며 살아갈지는 알 수 없다.

솔직히 나에게 바이엘, 체르니 이런 단계는 중요하지 않다. 쌍둥이가 좋아하는 곡이 있을 때 스스로 연주할 수 있고, 그 음악으로 행복하면 된다. 그저 아이들에게 피아노가 평생 친구가 되어주었으면 하는 마음이다. 쌍둥이의 목표인 체르니 50번은 아마도 초등학교를 졸업할 때쯤이면 끝이 날 것 같다. 물론 더 배우고 싶어 할지도 모르지만 중요한 것은 스스로 선택한다는 것이다. 배움의 시작도 끝도 스스로 선택하는 아이들.

열 살이 된 쌍둥이는 하루에도 몇 번씩 피아노 앞에 앉는다. 놀다가 피아노를 연주하고, 책 읽다가 피아노를 연주한다. 아름다운 곡을 들으면 피아노 앞에 앉아 악보 없이도 연주해본다. 스스로 배운 곡이 너무 아름답다며 엄마와 아빠에게 연주해주는 아이들이다. 나에게는 이제 아꼬몽이 평생 피아노와 함께할 수 있겠다는 믿음이 있다. 행복한 배움의 길을 가는 아이들의 모습은 나에게도 자극을 주었다. 언젠가 나도 기타를 배워 아이들과 함께 합주해보는 꿈이 생겼다.

소소한 집안일을 통해
단단하게 자라는 아이들

우리 엄마는 여자라는 이유로 어릴 적부터 집안일을 도우며 자랐고, 여자는 배울 필요가 없다고 생각하신 외할아버지가 학비를 지원해주지 않아 원하는 만큼 배우지도 못했다. 그래서 딸인 내가 무엇을 한다고 하면 늘 열심히 응원하고 지원해주셨고, 여자지만 직업을 갖고 당당하게 살아가기를 바라셨다.

어려서는 잘 몰랐지만 지금 생각해보면 엄마는 평생 동안 거의 모든 집안일을 혼자 하셨다. 오빠는 아들이니까 안 시켰고, 딸인 나는 시집 가면 실컷 하는 일이라며 시키지 않았다. 그래서 나는 어린 시절 집안 일을 거의 하지 않았다. 다만 엄마의 예상과 달리 나는 결혼을 해서도 여전히 집안일을 잘 안 한다. 구차하게 핑계를 대보자면, 결혼하자마자 쌍둥이를 임신하여 고위험 산모가 되었고, 아이들이 태어나서는 첫 아이 둘을 한 번에 키우느라 정신이 없었다. 아이들이 좀 자라서는 워킹맘이 되어 집안일 할 시간이 턱없이 부족했다. 어느 쪽이 먼저인지 알 수는 없지만, 결국 난 집안일을 잘 안 하니 늘 서툴고 잘 못하니 더 하기 싫고 그렇다.

그랬던 친정엄마가 변했다. 어려서는 그렇게 시키지 않더니 이제는 우리 집에만 오면 집안이 왜 이리도 지저분하냐며 잔소리를 하신다. 그러면서도 동동거리며 사는 딸이 안타까워 오실 때마다 집안일을 한 가득 해주고 가신다.

류머티스 관절염으로 건강이 좋지 않은 엄마가 우리 집에 와서 집안일을 하는 게 싫다. 싫으면서도 능수능란하게 집안일을 빠르게 처리하는 엄마를 보면 신기하기도 하고 부러웠다. 어려서부터 집안일을 하며 자란 엄마는 집안일을 잘하고, 하지 않고 자란 나는 잘 못한다. 어쩌면 집안일에도 조기교육이 필요한 것은 아니었을까. 그렇게 나는 경험에 비추어 쌍둥이가 자라면 집안일을 조금씩 가르쳐야겠다는 막연한 생각을 갖게 되었다.

무엇이든 자기가 하겠다고 고집부리는 시기가 기회

아이가 하고자 하는 행동이 남에게 피해를 주거나 위험하지 않으면 허락했다. 그 중에는 스스로 옷을 골라 입는 것과 같은 생활습관도 있었다. 세 살 후반부터 쌍둥이는 스스로 고른 옷을 입겠다고 고집을 부리기 시작했다. 아무리 예쁜 옷을 사주어도 자신의 마음에 들지 않으면 입지 않았다. 또 아무리 마음에 들어도 옷을 입었을 때 감촉이 좋지 않으면 입지 않았다. 그 결과, 아이들의 패션은 그야말로 가관이었다. 한 겨울에 여름 카디건을 입고, 내의 위에 한복 치마를 걸치고 다녔다. 치마 위에 치마를 입었고, 네 살 때 입던 옷도 마음에 들면 여덟 살에도 입었다. 스스로 이 옷 저 옷을 골라 입느라 옷장도 엉망이었다. 딸을 키우면서 예쁜 옷을 실컷 입혀보고 싶었던 나의 바람과 달리 아이들은 그렇게 스스로 고른 옷만 입었다.

그런데 신기하게도 어느 순간이 되니 아이들이 제법 옷을 잘 골라 입기 시작했다. 유치원에 갈 때도, 소풍을 갈 때도 아이들은 어떤 옷을 입을 건지 전날 정해놓고 잠이 들었다. 또 초등학생이 되어서는 자신의 옷장 서랍을 스스로 정리하고 있다. 다 마른 빨래를 주면 옷을 개어 서랍에 넣는다. 꾸깃꾸깃하게 개고 정리도 서툴지만 내버려둔다. 솔직히 참견하고 싶어도 나에겐 그럴 체력도 시간도 없다. 그러니 꾸겨진 옷을 입고 나가도, 입었던 옷을 실수로 다시 서랍장에 넣어도 그냥 둔다. 그런 부분은 시간이 흐르면 잘하게 될 것이고, 중요한 것은 자신의 옷을 스스로 관리한다는 것이니까.

아이를 키워보니 무엇이든지 스스로 하겠다고 소위 고집을 부리는 시기가 있다는 것을 알게 되었다. 고집을 부리는 시기에는 아이가 왜 이러나 싶었는데, 시간이 흐르고 나니 누구에게나 찾아오는 발달의 한 과정이라는 것을 알게 되었다. 물론 알고 있어도, 이 때가 오면 엄마는 참 힘들다. 하지만 위기가 기회라고 했던가. 이때 조금만 참고 견디면 아이가 스스로 하는 일이 많아져 엄마가 편해질 수 있다.

솔직히 엄마가 해주면 훨씬 빠르고 편하다. 나도 안다. 하지만 이 시기를 놓쳐버리면 아이는 모든 것을 엄마에게 해달라고 하게 된다. 그러니 당장은 힘들어도 멀리 보고 천천히 진행하면 좋다. 결국, 아이는 스스로 할 수 있는 것이 많아져 자존감이 올라가고 엄마는 편해질 테니까. 이 과정에서 필요한 것은 엄마의 여유다. 여유가 없으면 서툰 아이를 기다려줄 수 없다. 나 역시도 급할 때는 아이를 기다려주지 못했다. 그래서 되도록이면 어디를 가든 전날 저녁에 원하는 옷을 고를 수 있도록 시간을 주었다.

집안일, 자연스럽게 아이의 삶에 물들다

처녀 때는 들리지 않던 선배들의 넋두리가 워킹맘이 되고 나니 귀에 쏙쏙 들어오기 시작했다.

A선배는 아이가 중학생인데 달걀프라이, 라면 하나 혼자 요리할 줄 모른다고 했다. 엄마는 바쁜데 아이는 식탁에 앉으면 아무것도 하지 않는다. 화가 나 안 차려주면 아이는 그냥 밥을 먹지 않는다고 했다. 이제 아기도 아닌데, 하나에서 열까지 모든 것을 준비해주어야 하니

너무 힘들다고 하소연을 했다.

B선배는 아이가 대학생이다. 대학교 가기 전까지는 집안일을 시키지 않았다. 공부에 집중할 수 있도록 밥, 빨래, 아이 방 청소까지 모두 엄마가 다 해주었다. 대학생이 되었으니 이제는 스스로 하겠지 싶어 기다렸는데 여전히 아무것도 하지 않는다고 한다. 나이도 들고 이젠 체력이 딸려 "최소한 네 방 청소는 네가 해라"고 말했는데 딸은 방문을 닫아버렸단다. 아주 가끔 방문을 열어보면 발 하나 디딜 틈이 없다고 한다. 옷이며 물건이며 너무 엉망이어서 속이 끓지만 말하지 않고 있다고 했다. 말하면 싸울 것이 불 보듯 뻔하기 때문이란다.

늘 곁에 있어주지 못한다는 미안한 마음과 본인이 받은 교육이 합쳐져 워킹맘인 선배들은 아이에게 아무것도 시키지 않고 모든 것을 감내하며 살아온 것이다. 언젠가 아이들도 스스로 하는 날이 오겠지 라는 믿음과 함께 말이다. 하지만 장성한 아이들은 여전히 꼼짝도 하지 않는다.

그 아이들이 나와 닮아서였을까. 선배들의 이야기를 듣고 자극을 받은 어느 날, 대학교 시절 TV에서 봤던 프로그램이 생각났다. 유럽의 여러 가정을 방문하여 사람들의 사는 모습과 가정교육에 대해 보여주는 다큐멘터리였다. 남편 아이 할 것 없이 모두가 집안일을 하는 모습은 나에게 신선한 충격이었고, 먼 훗날 내가 가정을 꾸리고 아이를 낳으면 '나도 저렇게 살아야지' 다짐하게 되었다. 시간이 흘러 대부분을 잊어버렸지만 딱 한 집의 이야기는 여전히 기억 속에 남아 있다.

그 집 아빠는 세 살짜리 아이와 세탁기에 세제 넣는 것을 함께했다. 아직 손이 여물지 않아 아빠의 손으로 아이의 손을 잡고 세제를 넣었다. 그 아빠는 집안일은 가족 구성원 모두가 함께해야 하는 일이고, 어리다고 해서 할 수 없는 것은 아니라고 했다. 무엇보다 어릴 적부터 가르쳐야 자연스럽게 자신이 해야 할 일로 받아들인다는 것이었다.

맞다. 나무가 어릴 때 방향을 잡아주면 아직 어린 나무는 잡아주는 대로 자란다. 하지만 시간이 많이 흘러 어른이 된 나무의 방향을 바꾸려 하면 부러지는 법. 그렇게 나의 막연했던 생각을 좀 더 구체적으로 실천에 옮기기로 했다. 쌍둥이가 더 크기 전에 조금씩 집안일을 함께 하기로 말이다.

무더웠던 쌍둥이의 여섯 살 여름, 샤워와 로션 바르기를 독립시켰다. 머리감는 것은 아직 어려우니 내가 도와주고 나왔다. 그러면 아이들은 샤워를 하고 물기를 닦은 후 바디로션을 바르고 옷을 입었다. 식사 준비를 할 때는 수저와 젓가락을 스스로 놓도록 했다. 밥도 스스로 먹을 만큼 담게 했다. 식사가 끝나면 다 먹은 그릇과 수저를 정리했다. 그렇게 간단한 집안일과 해야 할 일을 조금씩 자연스럽게 습관이 되도록 유도했다.

또, 스스로 하고 싶어 할 때를 활용하기도 했다. 요리를 하고 싶어 하면 여유가 될 때 요리를 할 수 있도록 허락했다. 야채를 썰고 싶어 하면 조금 무딘 칼을 주고 썰게 했고, 쿠키를 만들고 싶어 하면 종종 쿠키를 만들었다. 초등학교에 입학하면서 달걀프라이를 스스로 하기 시작했고, 열 살이 되어서는 용돈을 별도로 주지 않고 스스로 집안일을 해서 번 돈으로 간식거리를 사먹고 있다.

　아무리 똑똑한 사람도 아무리 지위가 높은 사람도 밥을 먹고, 빨래를 하고, 청소를 해야 한다. 물론 돈이 많으면 모든 것을 다른 사람이 대신할 수도 있겠지만 최소한 책상이나 옷장을 정리할 사람은 자기 자신일 것이다.

　나는 정리를 잘 못한다. 나는 청소도 잘 못한다. 그런 내가 두 아이를 키우며 회사를 다니다 보니 집안 꼴이 말이 아니다. 아이들 어려서는 아이들과 보내는 시간이 더 중요하기에 청소를 내려놓고 살았다. 그럭저럭 다 참을 만 했는데 딱 하나 불편한 것이 있었다. 종종 필요한 물건이 어디에 있는지 도통 찾을 수가 없다는 것이다. 물건을 찾느라 한참의 시간을 보내고 나면 평소에 정리 좀 잘 해둘걸 하는 후회가 밀려온다. 그래서 이제는 아이들도 많이 컸으니 정리 좀 하고 살려고 한다. 다만 '어려서부터 정리정돈 습관이 몸에 배어 있었다면 이리 고생하지 않을 텐데' 하고 괜한 투정을 부려볼 때가 있다.

　먼 훗날 쌍둥이는 스스로 요리한 음식으로 더 건강하게, 물건을 제자리에 놓는 습관으로 더 심플하게, 가족과 함께 집안일을 하고 함께 쉼으로써 더 행복하게 살아가기를 꿈꿔본다. 그런 나의 바람으로 아이들은 오늘도 제 할일을 조금씩 해내고 있다. 그 소소한 일들을 통해 작은 성공의 기쁨도 맛본다. 그렇게 쌍둥이는 유년시절의 충분한 시간 속에서 천천히, 단단하게 자라는 중이다.

덕분에 엄마인 나의 삶이 여유로워지고 있어 감사하다. 아직은 서툴지만 언젠가 다함께 집안일을 하고, 다함께 여유로운 시간을 보내는 그 순간이 오기를 천천히 기다려본다.

학교 공부는
그저 덤이 되어버리고

빠르면 서너 살, 늦어도 다섯 살 정도가 되면 엄마들은 기다렸다는 듯이 사교육을 시키기 시작한다. 취학 전에는 발레, 축구, 태권도, 피아노 등의 예체능이 많은 비중을 차지하고 초등학교 입학 전후로는 영어, 수학, 논술 등 학습적인 과목이 추가된다. 엄마들은 지금 시키지 않으면 내 아이만 영영 뒤처지게 될 거라는 걱정으로 최대한 효과가 좋다는 사교육을 찾아 해매고 또 해매인다.

나 역시 아이들 한글떼기로 전전긍긍할 때 한 친구가 말했다. "괜히 고생하지 말고 일곱 살 되면 학습지 선생님 불러. 몇 달 만에 떼더라니까." 일곱 살이 되었을 때 돈만 쓰면 된다니 이 얼마나 좋은가. 하지만 시간이 흘러 그런 말을 철석같이 믿고 있다가, 초등학교 입학 전까지 한글을 떼지 못해 속을 끓이는 엄마들도 보았다. 아이마다 다르고, 집안의 환경도 다 다른데 우리는 일반화하는 것을 참 좋아한다.

성공한 사람은 자랑하고 실패한 사람은 침묵한다

안타깝게도 사교육에서 우연히 성공을 맛 본 엄마들은 사교육에 대한 확신과 믿음이 생겨버린다. 확신에 찬 엄마는 옆집 엄마에게 권하고, 친구에게 권해서 서로의 아이들을 함께 학원에 보내기도 하고 팀을 짜서 선생님을 초빙하기도 한다. 그렇게 끝없는 사교육의 굴레로 들어간다. 어떤 일이든 성공한 사람은 자랑하고, 실패한 사람은 침묵하는 법. 그래서 사교육의 실패담을 듣는 건 흔치 않다. 무엇보다 스스로 사교육의 문제점을 알게 되기에는 시간이 너무 오래 걸려 인지하지 못하는 경우가 대다수다.

사교육의 가장 큰 문제점은 '스스로 공부하는 법을 터득할 기회가 없다'는 것이다. 초등학교에 입학하면 아이는 수업을 듣고, 교과서를 읽으며 공부라는 걸 시작한다. 이 과정 속에서 아이는 실패와 성공을 반복하며 자신 만의 공부법을 터득해 나가야 한다. 그러나 학원을 다니는 아이들은 이 과정을 생략하게 된다. 어떤 것이 중요하고, 시험에서 어떤 식으로 문제가 출제되는지, 선생님이 공부하고 선생님이 연구해서 알려주기 때문이다. 핵심만 뽑아서 외우게 하니 처음에는 효과가 굉장히 좋아 보인다. 공부를 많이 하지 않았는데 핵심을 알고 시험도 잘 보니 아이도 엄마도 처음에는 기분이 좋다.

문제는 또 있다. 바로 선행학습의 부작용이다. 예를 들어, 새로 개봉

하는 영화를 보러가기로 했다고 생각해보자. 설레는 마음으로 기다리고 있는데 먼저 영화를 본 사람이 줄거리와 중요한 결말까지 다 이야기 해버린다면 기분이 어떨까. 김이 빠져버릴 것이다. 아직 영화를 보지도 않았는데 내용을 이미 다 알아버렸으니 흥미가 떨어진다. 바로 그 느낌이다. 학교에 가서 선생님에게 새로운 것을 배우고 그 재미에 푹 빠져야 하는 아이에게 있어 선행학습은 영화에서 말하는 스포일러가 되어버리는 것이다.

결국 사교육을 잔뜩 받은 아이는 학교 수업시간에 집중하지 못한다. 선행학습을 통해 다 아는 내용이라 흥미가 떨어지기도 하고, 모른다 해도 괜찮다. 어차피 학원 선생님이 다시 알려줄 거니까. 이런 수업태도는 금방 몸에 배고 그로 인해 학원에서 배우지 않는 과목까지 아이는 대충대충 수업을 듣게 된다. 결국 모든 과목, 모든 학년에서 아이는 학교 수업을 제대로 듣지 않는다. 이런 태도로 인해 스스로 고민하며 자신만의 공부법을 찾아야 하는 소중한 초등학교 6년을 헛되이 흘려보내게 된다.

스스로 배움의 즐거움에 빠진 아이들

나는 학창시절 수학, 화학, 체육을 굉장히 좋아했다. 내가 좋아하는 과목은 알아서 공부했다. 그냥 재미있으니 수업시간이 기다려졌고,

그냥 궁금하니 스스로 공부했다. 고등학교 2학년 때는 얼마나 열심히 화학공부를 했는지 화학 선생님께서 교내 과학반에 들어오라고 할 정도였다. 반면에 국어, 영어, 국사, 가사 주로 이런 과목은 정말 공부하기 싫었다. 달달 외우기만 해야 하는 암기과목이라고 생각했다. 물론 아이들을 키우며 단순 암기과목이 아니라는 것을 깨달았지만 그때는 그렇게 생각했다.

그런 내가 대학을 갔다. 부끄럽지만 해커들의 삶을 멋지게 그려낸 드라마를 보고 컴퓨터공학과에 진학했다. 하지만 현실은 드라마와 달라도 너무 달랐다. 해커의 삶이 그리 멋지지 않았다. 하루 종일 책상에 앉아 컴퓨터와 씨름을 하니 살이 찌고 시력도 떨어졌다. 무엇보다 사람과의 교류가 적었다. 그래서 결국 진로는 변경했지만, 내가 원하는 강의를 선택해서 수강했던 그 시간들은 참 행복한 추억으로 남아 있다. 초, 중, 고 그 어느 순간보다 난 대학교가 좋았다. 내가 궁금한 분야를 수강해서 마음껏 들을 수 있었기 때문이다. 이런 경험들은 쌍둥이를 키우는데 큰 도움이 되었다. 하고 싶은 공부를 한다는 것이 얼마나 행복한 일인지 알기에 아이가 위험하거나 남에게 피해를 주지 않는다면 대부분의 행동을 허락했다.

우리 부부가 직접 가르칠 수 없는 예체능 분야를 제외하고 어떠한 사교육도 시키지 않고 있다. 선행학습보다 중요한 것은 공부에 대한 기초 체력이다. 학교 수업은 우선 선생님의 말씀을 듣고 이해하고, 교과서를 읽고 이해하는 과정이다. 기본적으로 어휘력과 이해력, 독해력이 필요한데 모두 독서를 충분히 하면 자연스럽게 길러지는 능력들이다.

놀이터에서 하루 종일 마음껏 뛰어놀아 몸도 마음도 건강한 아이들. 그 누구도 방해하지 않으니 집중력은 날로 좋아지고, 놀면서 수시로 책을 읽으니 배경지식은 무한대로 늘어나고 있다. 유희로 책을 읽던 아이들은 어느 순간부터 궁금한 점이 있을 때도 책을 읽기 시작했다. 동네 길고양이가 왜 자기에게 와서 등을 비벼대는 것인지, 왜 바닥에 누워 뒹구는 것인지 궁금해지면 책을 찾아본다. 무당벌레를 한참 잡고 놀다가 무당벌레 종류가 궁금해지면 또 책을 찾아본다. 쌍둥이는 지금 배움의 즐거움을 조금씩 깨달아가는 중이다. 세상을 향해 호기심이라는 촉을 세우고, 궁금한 점이 생기면 스스로 책을 찾고 엄마 아빠와 대화하면서 지식과 지혜를 쌓아가고 있다.

실컷 놀고 충분히 자고 일어나 학교를 가니, 수업시간에 집중도 잘하고 발표도 잘해서 담임선생님께 칭찬도 많이 듣는다. 독서를 통해 다른 사람을 이해하는 능력도 커져 친구들과 사이도 좋다. 학교는 쉬는 시간에 친구랑 노는 재미가 최고라고 말하는 쌍둥이는 그저 오늘도 학교 가는 길이 즐겁다. 배움이 즐겁고, 친구들과 어울리는 것이 재미있으니 당연한 일이겠지. 어쩌면 이런 아이들에게 학교 공부가 덤이 되어버리는 것은 당연한 일이 아닐까.

통장을 풍요롭게,
사교육비로 종자돈 만드는 엄마

쌍둥이가 초등학교에 입학하면서 나는 휴직을 했다. 회사생활로 몸과 마음이 지쳐 있던 나에게 아이들 초등학교 입학은 내 삶에 쉼표를 찍을 수 있는 절호의 기회였다. 정든 동네를 떠나 새로운 곳으로 이사도 했다. 바쁜 엄마의 시간을 절약하기 위한 회사 가까운 곳이 아닌, 아이들이 마음껏 뛰어놀 수 있는 곳을 찾아 우리 가족의 터를 잡고 싶었다.

휴직의 첫 번째 목표는 새로운 동네와 초등학교에 대한 적응이었다. 초등학교 입학은 아이들의 배움이 본격적으로 시작되는 순간이다. 첫 단추를 잘 끼울 수 있도록 도와주고 싶었다. 그래서 아이들과 등교와 하교를 늘 함께했다. 갈 때는 신나게 놀고 오라고 인사했고, 돌아올 때는 오늘 학교생활 중 어떤 일이 재미있었는지 물어보았다. 그렇게 등

교와 하교를 함께하면서 적잖이 놀란 것이 있다. 바로 학교 운동장에도, 동네 놀이터에도 아이들이 없다는 것이었다. 등교할 때는 '이 동네에는 아이들이 이렇게 많구나' 하고 놀랐고, 하교할 때는 '그 많은 아이들이 다 어디로 간 거지?' 하고 놀랐다.

알고 보니 학교가 끝난 대부분의 아이들이 학원에 가 있었다. 이럴 수가. 말로만 듣던 그 슬픈 현실을 눈으로 직접 목격하게 된 것이다. 우리 어릴 적에는 학교가 끝나면 학교 운동장에서 뛰어놀고, 그것도 모자라 동네 이곳저곳을 다니며 하루 종일 뛰어놀지 않았던가. 그런데 요즘 아이들은 학원으로 간다니, 안타까운 마음에 한숨이 저절로 나왔다.

한 번 발을 들이면 벗어나기 힘든 사교육의 굴레

궁금한 마음에 아이들이 어떤 학원을 다니는지 알아보았다. A친구는 학교가 끝나면 우선 방과 후 교실 수업을 듣는다. 그 다음에는 피아노 학원으로 간다. 여기에 추가로 동 주민센터에서 과학 수업을 하나 듣고, 도서관에서 영어프로그램을 듣는다. 또 집에서는 학습지 선생님과 수업도 한다. 이제 막 초등학교 1학년이 된 A친구는 하루 종일 그 많은 일정을 소화하느라 저녁때가 되면 다크서클이 턱까지 쭉 내려온다고 한다. 그래도 A친구의 엄마는 아이가 적응해야 하는 당연한 과정으로 생각하고 있었다.

그 친구뿐만이 아니었다. 아이들의 사교육은 그야말로 다양했다. 영어, 수학을 기본으로 과학, 사회, 피아노, 태권도, 미술, 수영까지 아이들은 하루 종일 이 학원에서 저 학원으로, 이 프로그램에서 저 프로그램으로 옮겨 다녔다. 한 엄마는 이런 아이들의 사교육비로 허리가 휠 지경이라고까지 말했다.

솔직히 회사에서도 동네에서도 엄마들과 사교육에 대해 이야기하다 보면 결론은 늘 한결같았다. 우리 어릴 적과 비교하면 요즘 아이들이 너무 불쌍하다. 아이 하나 키우는데 돈이 너무 많이 들어간다. 그래서 둘째는 생각도 못하겠다. 아이들은 마음껏 뛰어놀아야 한다는 것을 알고 있으면서도 엄마들은 애써 외면하고 아이를 학원에 보낸다.

아이들에게서는 에너지와 시간을 빼앗고, 부모의 지갑에서는 돈을 빼앗는 사교육, 도대체 무엇 때문에 그리도 많이 시키고 있는 걸까?

그것은 바로 지금 시키지 않으면 내 아이만 뒤처질 것 같은 두려움 때문이었다. 두려움이 너무 큰 나머지 아이들을 빠듯한 일과로 몰아넣고 있었다. 하지만 한번쯤은 멈춰서 곰곰이 생각해봐야 한다. 사교육만 시키면 아이가 잘 자랄 거라는 근거 없는 믿음으로 앞만 보며 달려가고 있는 것은 아닌지 말이다.

사교육은 공부를 어떻게 하면 스스로 잘할 수 있는지를 가르쳐주는 곳이 아니다. 사교육은 이 과목에서, 이 단원에서 중요한 것이 무엇인지를 콕 찍어 알려주는 곳이다. 그리고 그것을 외우게 하고 외운 것을 잘 외웠는지 검사한다. 물고기 잡는 법을 알려주는 곳이 아니라 물고기를 잡아서 주는 곳이라는 것이다. 그래서 학원에서 공부한 아이들은 스스로 공부하는 방법을 터득하지 못한다. 그러니 계속해서 사교육을 받을 수밖에 없다. 사교육을 끊어버리는 순간, 무엇을 외워야 할지 어떻게 공부해야 할지 몰라 성적이 떨어져버리기 때문이다. 결국, 세 살에 시작했든, 일곱 살에 시작했든 사교육이라는 곳에 한 번 발을 들이면 벗어날 수 없게 된다. 오히려 만족스러운 결과를 얻지 못한 엄마는 개수를 늘리고 더 비싼 사교육을 찾게 될 뿐이다.

사교육을 벗어나 여유로운 삶으로 가는 길

우리 집은 사교육비가 많이 들어가지 않는다. 쌍둥이 여섯 살까지는 사교육이 전혀 없었고, 일곱 살부터 피아노 개인레슨을 시작으로 사교육비가 들어가고 있다. 초등학교 입학 후에는 피아노 학원으로 변경했고, 초등학교 2학년 여름방학부터는 태권도 학원을 추가했다. 태권도는 친정 부모님께서 워낙 학교가 일찍 끝나는 쌍둥이 돌보기를 힘들어 하셔서 보내기 시작했는데, 무술을 배우는 재미와 태권도 친구들과의 놀이에 빠져 즐겁게 다니고 있다. 이렇게 우리 집은 엄마나 아빠가 직접 가르쳐줄 수도, 아이가 스스로 터득할 수도 없는 예체능에만 비용이 조금 들어가고 있다. 덕분에 사교육비가 절약되는 만큼 저축을 좀 더 할 수 있었다.

 그 뿐만이 아니다. 아이들 스스로 집중해서 책을 읽는 시간과 놀이
터에서 신나게 뛰어노는 시간을 통해 엄마인 나에게 여유로운 삶이 찾
아왔다. 우리 부부는 이 감사한 비용과 시간을 지혜롭게 활용해보기
로 했다. 아이들을 학원에 보내지 않아 절약하게 된 돈을 모아 종자돈
을 만들어왔다. 아이들이 엄마 아빠를 찾지 않는 시간을 활용해 자기
계발서와 재테크 관련 책을 읽고 공부했다. 그리고 그렇게 만든 종자
돈과 재테크 지식으로 투자를 시작했다.

 솔직히 우리 부부는 재테크에 재 자도 모르던 사람이었다. 돈이 그
리 많지는 않았지만, 우리 가족은 충분히 행복하다고 생각했다. 하지
만 어느 날, 우리의 그 믿음은 보란 듯이 무너져버렸다. 경제적 위기가
찾아온 것이다. 돈이 부족하니 서로 예민해졌고, 불안한 마음에 하루
하루 고통스러운 시간을 보내야 했다. 그런 우리가 1년이라는 시간 동
안 돈에 대해 공부하고 투자를 했다. 그 결과 1년 동안 열심히 일해야
벌 수 있는 돈의 몇 배의 수익을 올렸다.
 이 모든 것이 아이들이 잘 자라준 덕이다. 과한 사교육이 없어서 종
자돈을 만들 수 있었고, 아이들이 건강하고 지혜롭게 잘 자라주어 걱
정 없이 재테크에 집중할 수 있었다.

 보통 부모가 책을 읽는 집은 아이도 책을 잘 읽는다. 아이들은 결국

부모의 뒷모습을 보고 자라기 때문이다. 그러니 아이에게 본을 보이기 위해서도 좋고, 엄마 자신을 위해서라도 좋으니 틈틈이 경제 관련 책을 읽어보면 어떨까. 나이 마흔이 될 때까지 경제공부를 하지 않고 그냥 무작정 일만 하며 살았더니, 형편이 좀처럼 나아지질 않았다. 아니 오히려 힘들었다. 물론 운이 좋아 경제공부를 따로 하지 않고도 부자가 되는 사람도 있다. 하지만 주위를 둘러보면 운이 좋은 사람은 그리 많지 않았다.

쉬엄쉬엄 엄마표 영어를 참고해, 영어로부터 자유롭고 책을 좋아하는 아이로 키워보자. 솔직히 그렇게 자란 아이들에게는 사교육이 필요하지 않다. 그렇게 아껴진 사교육비는 꼭 저축하여 종자돈으로 만들어두기를, 아이들 책 읽고 실컷 놀 때 경제공부도 꼭 해두기를 바래본다. 그러면 아이도 부모도 여유롭고 행복한 인생을 살게 될 것이다.

에··필··로··그

중요한 건 속도가 아니라 방향이었구나

쌍둥이 세 살 후반에 친한 지인으로부터 육아책을 선물 받고 별 생각없이 읽었다가 충격을 받았습니다. 서너 살에 한글을 깨우친 아이들이 어린 나이에도 불구하고 혼자서 책을 읽고 있었습니다. 우리 쌍둥이도 이렇게 한글을 떼고 스스로 책을 읽는다면 나의 육아가 얼마나 쉬워질까, 또 아이의 지성은 얼마나 발전하게 될까, 욕심이 났습니다. 우리 아이들은 벌써 책을 좋아하니 한글만 떼면 될 것 같았습니다.

하지만 한글만 떼면 정말 가능한 걸까? 우리 아이들도 책을 좋아하는데 왜 몇 시간씩 책을 읽어달라고 하지 않는 것인지 궁금했습니다. 혹시 내가 중요한 무언가를 놓치고 있는 건 아닐까 라는 생각에 관련 책을 몇 권 더 찾아 읽었습니다. 아이가 책을 원할 때면 모든 걸 멈추고 읽어주어야 하고, 설령 밤새 책을 읽어달라고 해도 읽어주어야 하는데 그동안 저는 이걸 하지 않았던 겁니다.

아무것도 모르면 용감하다고 했던가요. 저는 그 책을 무슨 신이라도 되는 것처럼 따라하기 시작했습니다. 쌍둥이가 네 살이 되기 한 달 전에 이런 진리를 알게 된 게 한탄스러울 뿐이었습니다. 엄마가 부족해 아이들이 타고난 능력을 키워주지 못하고 있었다는 생각에 괴로웠습니다.

부랴부랴 모든 것을 내던지고 한글교육과 책 읽어주기에 나섰습니다. 밤샐 각오를 하고, 밤샐 그날이 찾아오기를 기대하면서 밤늦게까지 책을 읽어주기 시작했습니다. 그렇게 저는 한글떼기와 밤새 책 읽어주기, 어린이집 안 보내기에 온 마음을 빼앗겨버렸습니다.

잘못된 길로 빨리 달려가봐야 결국 다시 돌아와야 한다

우선 어린이집부터 보내지 않기로 마음먹었습니다. 책을 읽어줄 충분한 시간이 필요했고, 쌍둥이라 힘들다는 이유로 두 돌이 지나자마자 어린이집에 보냈다는 죄책감도 한몫했습니다. 갑자기 안 보내면 제가 너무 힘드니 우선 적응기간을 갖기로 했습니다. 아이들이 조금만 아파도 원에 보내지 않았습니다. 늦게 자니 당연히 늦게 일어나면서 아이들의 등원시간도 오전 11시로 늦춰졌습니다. 아이들 하원시간은 오후 3시, 그때부터 늦은 밤까지 아이가 조금만 반응을 보여도 달려가 책을 읽어주었습니다.

그런 생활도 잠시, 얼마 지나지 않아 하나둘 문제가 발생하기 시작 했습니다. 가장 큰 문제는 가정의 불화였습니다. 하루 종일 일하고 밤 10시가 되어 집에 돌아온 남편을 기다리는 건 휴식이 아닌, 밤 12시가 넘어 잠드는 아이들과 그로 인한 피로와 스트레스였습니다.

남편은 왜 이렇게 늦게 아이들을 재우는 건지 이해할 수 없다고 했 고, 반대로 저는 아이들 교육을 위한 일인데 함께 해주지는 못할망정 원망하는 애들 아빠가 내심 미웠습니다. 본인에게 책을 읽어주고 놀 아주라는 것도 아닌데 왜 내가 하는 것도 못하게 하는 건지 이해할 수 가 없었습니다. 다툼을 극도로 싫어했던 쌍둥이 아빠는 "더 늦게 알았 어야 했는데, 오히려 너무 일찍 알아서 고생이다" 라고 했습니다. 아이 들을 위한 일이라며 그런 남편을 애써 외면했지만 이상하게도 그 말만 은 제 귓가를 맴돌았습니다. 결국, 저는 큰 고통을 겪은 후에야 그 육 아법을 내려놓을 수 있었습니다.

하루는 정말 소원 한번 풀어보고 싶어 밤새 책을 읽어주기로 마음 먹었습니다. 남편 퇴근 전에 작은방을 청소하고 이불을 깔고 밤새워 읽어줄 책들을 쌓아놓고 만반의 준비를 해놓았습니다. 그날도 10시쯤 퇴근한 남편에게 내가 혼자 알아서 할 테니 신경 쓰지 말고 먼저 자라 고 말했습니다. 지친 남편은 씻고 저녁을 먹은 뒤, 홀로 12시에 잠이

들었습니다. 이제 제 차례였습니다.

　쌍둥이는 엄마랑 무언가 신나는 놀이를 하나 보다 하고 기대에 차있었습니다. 아니나 다를까 잠만 재우려고 하면 안 자려고 안간힘을 쓰는 아이들인데 읽고 싶은 책을 마음껏 읽을 수 있다고 하니 신이 났습니다. 그런데 이상했습니다. 책을 아주 좋아하는 아이들인데 계속 책을 읽어달라고 하지 않았습니다. 한참을 놀다가 잠깐 책을 읽다가를 반복할 뿐이었습니다. 결국, 우리는 너무 피곤한 나머지 새벽 3시에 잠이 들었습니다. 딱 하루, 그것도 새벽 3시에 우리는 철수했습니다.

　하지만 그 후폭풍은 가히 엄청났습니다. 아이들에게 조금 있던 아토피가 사라져가고 있었는데 그 날 이후로 아토피가 온몸에 퍼져버린 겁니다. 이게 무슨 일이란 말인가. 매일 같이 밤 12시, 늦은 시간에 잠이 들어 면역력이 떨어져가던 아이들에게 새벽 3시에 잠든 것이 마지막 일격을 가한 겁니다. 그때서야 정신이 번쩍 들었습니다. 내가 지금 뭘 하고 있는 거지? 그렇게 아이들과 남편에게 미안한 마음을 안고, 다시 원상태로 돌아가는데 한 달이 걸렸습니다.

　아이들 아토피가 서서히 치료되고 잊혀져갈 쯤, 그러니까 새벽 3시 사건 한 달 뒤, 이번에는 제가 쓰러졌습니다. 안 그래도 힘든 쌍둥이 육아에 몇 달 동안 늦은 밤까지 책을 읽어주느라 고군분투한 데다가 다시 아이들을 일찍 재우기를 하려니 몸이 버텨내질 못했던 겁니다. 이 일로 생긴 지병을 고치는데 꼬박 1년이 걸렸습니다.

생각해보면 그 책을 선물했던 지인은 본인의 생각과 맞지 않는다며 따라하지 않았습니다. 선물 받은 저만 흥분해서 정신없이 쫓아하다가 엉망진창이 되었습니다. 처음에는 미련한 나에게 화가 났지만 이 일을 통해 많은 것을 깨닫게 되었습니다. 건강관리의 중요성을 알게 되었고, 책을 많이 읽어 지혜로운 사람이 되겠다고 결심했습니다. 무엇보다 잘못된 길로 열심히 뛰어봐야 결국 원점으로 다시 돌아가야 한다는 것을 온몸으로 배웠습니다.

육아란 아이하고 나하고 우리만의 속도로 가는 것

그 후로 저는 아이를 지혜롭고 행복하게 잘 키운 선배들의 책을 찾아 읽었습니다. 지금 아이를 키우고 있는 진행형의 육아책이 아닌, 적어도 아이가 스무 살은 지난 선배들의 책. 또한 육아책을 출간했다면, 육아 관련 강의를 하고 있다면 아이가 지금 현재 어떻게 살아가는지 정도는 공개한 책을 신뢰했습니다. 지금 당장 아이가 몇 시간씩 앉아서 책을 읽는다는 것도, 지금 당장 아이가 영어로 유창하게 말을 한다는 것도, 지금 당장 아이가 몇 개 국어를 구사한다는 것도 더 이상은 저에게 중요하지 않았습니다. 제가 궁금한 것은 그 육아법이 아이와 엄마 아빠에게 무리가 되지 않는지, 가족의 행복을 위협하지는 않는지, 그렇게 자란 아이들이 어른이 되어서도 과연 행복한지였습니다.

칼 비테 자녀교육법과 유대인들의 교육법을 비롯해 자녀가 성인이 된 선배들의 책을 천천히 읽었습니다. 다만, 그 양이 너무 적다는 아쉬움이 있었습니다. 그래서 괴테, 에디슨, 아인슈타인, 빌게이츠 등 위인들이 어떻게 자랐는지 그들의 유년시절도 참고했습니다. 위인들의 유년시절은 일부러 찾은 것은 아니고, 아이들이 위인전을 읽게 되면서 자연스럽게 함께 읽고 참고하게 되었습니다. 또 그들의 교육 방법이 너무 옛스럽다는 문제도 있었습니다. 그래서 그 부분은 현재 아이를 키우고 있는 우리나라 선배들의 책을 참고했습니다.

그렇게 천천히 우리 집 만의 육아철학을 만들어갔습니다. 중심은 아이를 행복하고 지혜롭게 키운 선배들의 육아법에 두고, 그 세세한 방법은 현재 아이를 키우고 있는 선배의 육아법을 참고했습니다. 그리고 그 방법들을 쌍둥이에게 천천히 적용하면서 아이들이 싫어하거나 불편해하는 부분은 우리만의 방법으로 바꾸어 나갔습니다.

세상에는 다양한 육아법이 존재합니다. 기저귀 떼는 방법만 해도 인터넷을 검색해보면 수많은 엄마들의 경험담이 나옵니다. 책을 좋아하는 아이로 만드는 것도 엄마표 영어를 진행하는 것도 책과 인터넷을 찾아보면 수많은 방법이 존재합니다. 10년 전 제가 처음 육아를 시작하던 때보다 정보가 엄청나게 많아졌습니다. 정보가 많아졌다는 것은 그만큼 선택지가 많아졌다는 것이니 좋은 점이라 할 수 있습니다. 하지만 수많은 정보 속에서 나에게 맞는 방법을 찾아야 하니 시간이 많이 걸린다는 어려움도 있습니다.

아이를 잘 키우고 싶은데 아직 그 방법을 잘 모르겠다면 우선 멈춰야 합니다. "나처럼 해봐, 그러면 된다니까" 하고 보여주는 화려한 모습과 현란한 말솜씨에 혹해서 무작정 쫓아가면 안 됩니다. 육아법에 대한 책을 다양하게 읽고 천천히 생각해야 합니다. 급할 것은 하나도 없는데 세상은 우리에게 계속 속삭입니다. 하루 빨리 아이를 교육시키지 않으면 당신의 아이만 뒤처질 거라고. 또 엄마들의 가장 큰 약점인 적기 교육 이야기를 꺼냅니다. 지금이 적기라고, 때를 놓치면 영원히 후회하게 될 것이라고.

하지만 10년이라는 세월이 흐르고 보니, 늦어서 큰일 난 적은 없었습니다. 오히려 급한 마음에 달려가다가 넘어졌습니다. 급하게 먹는 밥이 체하는 법입니다. 갈림길에서 잘못된 길을 선택하면 아무리 빨리 간들 결국 다시 돌아와야 합니다. 자칫하면 너무 큰 상처를 입은 나머지 돌아오지 못할 수도 있습니다. 그러니 급한 마음부터 다스려야 합니다. 아이를 천천히 지혜롭고 밝게 키운 선배들의 책을 읽으며 나는 어떻게 아이를 키우고 싶은지 고민해야 합니다. 결국 중요한 건 속도가 아니라 방향이니까요.